长岛海洋生物多样性图鉴

ILLUSTRATED BOOK OF CHANGDAO MARINE BIODIVERSITY

主编 于国旭 张朝晖

海洋出版社

2022 年·北京

图书在版编目 (CIP) 数据

长岛海洋生物多样性图鉴 / 于国旭，张朝晖主编 . -- 北京：海洋出版社，2022.10
ISBN 978－7－5210－1015－2

Ⅰ. ①长… Ⅱ. ①于… ②张… Ⅲ. ①海洋生物－生物多样性－长岛县－图集 Ⅳ. ① Q178.53－64

中国版本图书馆 CIP 数据核字（2022）第 181492 号

责任编辑：高朝君
责任印制：安 淼

海洋出版社 出版发行
http://www.oceanpress.com.cn
北京市海淀区大慧寺路 8 号 邮编：100081
济南继东彩艺印刷有限公司印刷
2022 年 10 月第 1 版 2022 年 10 月第 1 次印刷
开本：889mm×1194mm 1/12 印张：11
字数：185 千字 定价：298.00 元
发行部：010－62100090 邮购部：010－62100072 总编室：010－62100094
海洋版图书印、装错误可随时退换

序 / 蓝色诱惑 生态长岛

海洋素有"蓝色之境"之美誉，它是生命的摇篮、风雨的故乡，是万象生灵的栖息地。它的神秘之美，诱惑着人类不断去探寻这丰盈而缤纷多彩的世界。

地处黄、渤海之交的山东长山列岛，被历代文人称为"海上仙山"。其特有的地理位置和亿万年的地质变迁史，以及温润海洋气候的滋养，赋予其丰富的海洋生物资源和多样性。

清澈的海水，多样的海藻及茂密的森林资源，为种类繁多的水生动物、鸟类、两栖爬行动物和昆虫类提供了天然繁殖、栖息的家园；各种灵动妙美的海洋生灵，在潮起潮落的韵律中自由嬉戏，生生不息。

多样的海洋动植物适应了岛屿周围独特的海洋环境，动植物之间浑然形成彼此相互依存的生态系统。

天蓝海碧、怪石奇礁、秀林险崖、风光旖旎，是"海上仙山"的独有风景，其别具特色的海蚀地貌和海积地貌的奇美令人震撼。深邃蔚蓝的海洋世界中，以西太平洋斑海豹、北海狮、东亚江豚等为主的海洋典型生物，有极高的观赏价值和科研价值，为长岛创建海洋国家公园奠定了基础。

▲一只小海虾潜伏在海底礁石上，这里是它的
"游乐场"。长岛的海底世界，生态物种丰富多彩，
各种生命体在这里绽放着耀眼的光芒，在多彩的海底
世界中栖息。

本幅照片于 2020 年 4 月拍摄于砣矶岛。

生态，是长岛最大的优势和潜力，是海岛永续发展的基石。近年来，特别是2018年山东省人民政府正式批复设立"长岛海洋生态文明综合试验区"以来，长岛人坚持"绿水青山就是金山银山"的理念，把生态保护作为第一要务，把绿色发展作为根本前提，积极探寻人与海洋相濡以沫、和谐共生的发展模式，加快从"靠海吃海"向"靠海养海""靠海护海"转变，保护海洋生物，传承海洋文明，已成为长岛人最大的共识和行动；为后代造福，为人类造福，已成为长岛人接续传承的重要使命与责任。

这本《长岛海洋生物多样性图鉴》，倾情记录了长岛海洋世界的千姿百态和生态系统的神奇魅力；以图文并茂的形式介绍了主要的海洋物种，分为海洋哺乳动物、鱼类、甲壳类等篇章。

大自然无须剧本，一幅幅图片，拉开了海洋生物和生态的斑斓帷幕，带我们走入长岛那个蓝色世界，如同身临其境赏读万象生灵们演绎的神奇故事。

海上仙山·生态长岛

长岛地处中北温带（北纬 38°），是海洋生物生态多样性丰富的典型区域，是维持渤海生态系统运转的关键"泵站"，是环渤海地区重要的生态屏障。长岛有我国代表性的温带海洋海岛生态系统，拥有大面积的海藻场和海草床，保存着多处罕见的地质遗迹，是东亚—澳大利西亚国际候鸟迁徙的关键廊道。

长岛

充满生态故事的北方佳岛

在黄、渤海交界处，在胶东半岛与辽东半岛之间，有一串岛链，它就是——长岛。

长岛的北庄遗址证明在距今 6500 多年前，这里便有人类的活动。在漫长的岁月中，人们敬仰自然，与大海为伴，聆听鸟儿欢快的歌声，欣赏水中精灵劈波斩浪，感受大自然带来的缥缈仙意……

就让我们跟着这本书的节奏来欣赏北方佳岛的生态故事吧。

长岛名片

- 长岛国家级自然保护区
- 长岛国家森林公园
- 长山列岛国家地质公园
- 胶东半岛海滨风景名胜区长岛景区
- 长岛国家级海洋公园

- 长岛皱纹盘鲍光棘球海胆国家级水产种质资源保护区
- 长岛许氏平鲉国家级水产种质资源保护区
- 长岛长山尾地质遗迹省级海洋特别保护区
- 庙岛群岛海豹省级自然保护区

唯有了解，我们才会关心；
唯有关心，我们才会行动；
唯有行动，生命才有希望。

——珍·古道尔

Contents | 目录 |

▲每年春季，都会有成群梭鱼游到长岛近岸的马尾藻丛中觅食。

2020 年 4 月 15 日，从无人机鸟瞰海面，南长山岛东侧海域浅水区域水草丰美，如同一片海中的草原。梭鱼游弋在马尾藻丛之间，为长岛的春季增添了一抹悦目的色彩。

前言

Preface

　　长岛是长山列岛的简称，又称"庙岛群岛"，隶属于山东省烟台市。长岛区域总面积 3302.0 平方千米，岛陆面积 59.3 平方千米、海域面积 3242.7 平方千米，海岸线长 184.6 千米。

　　长岛由 151 个岛礁及其周边海域组成，呈南北纵列于渤海海峡。从南到北，依次排列着南长山岛、北长山岛、庙岛、大黑山岛、小黑山岛、砣矶岛、大钦岛、小钦岛、南隍城岛和北隍城岛 10 个有居民岛屿。

　　地处环渤海经济圈连接带的长岛，东临韩国、朝鲜，西守京津，南距蓬莱 7 千米，北距旅顺 42 千米。这一特殊的地理位置，让它成为渤海咽喉、京津门户、两大半岛的陆桥。

　　长岛，系京津之锁钥，不仅是京津冀地区的海上交通必经要道、我国北方沿海城市海运之枢纽和重要渔业基地之一，也是环渤海的重要海上生态安全屏障。

　　长岛位于胶东、辽东半岛之间，黄海、渤海交汇处，南北海流激荡冲刷，形成罕见的黄、渤海分界线砾脊和海蚀栈道等地质景观。

　　长岛拥有丰富多样的陆地和浅海动植物、独特的地质遗迹等珍贵资源，处处焕发着盎然生机。这片中国北方美丽的群岛，正在将具有重要生态价值的区域纳入自然保护地体系，保护海洋海岛综合生态系统和珍贵自然资源的原真性，进而实现生态系统的有效保护和生物多样性的永久维护。

第壹篇

ONE / 海洋哺乳动物

长岛海洋哺乳动物资源丰富，西太平洋斑海豹是已知鳍脚类动物中唯一在我国境内繁殖的海洋哺乳动物，长岛是西太平洋斑海豹迁徙的重要栖息地和庇护所。北海狮分布于西太平洋北部海域，在长岛北部的南隍城岛、北隍城岛零星发现其活动的踪迹。虎鲸是大型的海洋类哺乳动物，这片海域自古以来就是虎鲸迁徙的通道。东亚江豚活跃于长岛各岛屿之间，经专家估算分析，长岛海域的东亚江豚种群数量在 2000 头以上。此处也有宽吻海豚活动的踪迹。

"海上大熊猫"
——西太平洋斑海豹

长岛
海洋生物
多样性
图鉴

西太平洋斑海豹

　　洄游在长岛的海豹属于西太平洋斑海豹，是生活在温带、寒温带沿海附近的海洋哺乳动物。

　　西太平洋斑海豹是国家一级保护动物，也是唯一能在中国海域繁殖的鳍脚类海洋哺乳动物。我国的渤海辽东湾是全球西太平洋斑海豹8个繁殖区之一，而长岛海域是西太平洋斑海豹迁徙的必经之路，也是它们的重要栖息地和庇护所。

　　每年春季，这种珍稀的海兽便会从辽东湾来到长岛，在长岛挡浪岛北侧的礁石区等地栖息停留。

　　除了那些迁徙的西太平洋斑海豹群外，在长岛的挡浪岛海域，一年四季都可以看到数只西太平洋斑海豹的活动踪迹。

阳光灿烂的日子，西太平洋斑海豹纷纷登上礁石享受"日光浴"。它们拥拥挤挤，探头缩脑，胖乎乎，懒洋洋，憨态十足。阳光越是充足，上礁的海豹越多，甚至堆挤在一起。因其数量稀少，且为国家一级保护动物，人们将其称为"海上大熊猫"。

CHANGDAO
长岛
海洋生物
多样性
图鉴

西太平洋斑海豹

CHANGDAO

长岛
海洋生物
多样性
图鉴

西太平洋斑海豹

西太平洋斑海豹

西太平洋斑海豹，脊索动物门，哺乳纲，鳍脚目，海豹科，斑海豹属。西太平洋斑海豹是中国数量最多的鳍脚类动物，根据对有关历史资料考证以及山东大学、辽宁省海洋水产科学研究院、烟台市海洋发展和渔业局调查结果，洄游经过渤海海峡的西太平洋斑海豹在 2000 头以上。从北长山岛到砣矶岛海域（长山水道、砣矶水道）是西太平洋斑海豹集中分布区。长岛海域不仅是西太平洋斑海豹在辽东湾和黄海的关键洄游通道，也因丰富的渔业资源成为西太平洋斑海豹的重要索饵场。

每年冬季，西太平洋斑海豹游至辽东湾等地，并在冰上产仔，繁育下一代。

冬季冰期过后，西太平洋斑海豹逐渐游离渤海、黄海，夏季则在白翎岛海域集群。

在大海里，西太平洋斑海豹似蛟龙般身形灵活，犹如飞驰在海中的小型潜艇。它们的活动随潮而行。涨潮时，礁盘和海面平行，它们可以自由上下，在海里活动比较频繁。退潮时，由于礁盘和海面落差较大，不便于上下，它们会在礁石上晒太阳，瞌睡休息。

西太平洋斑海豹

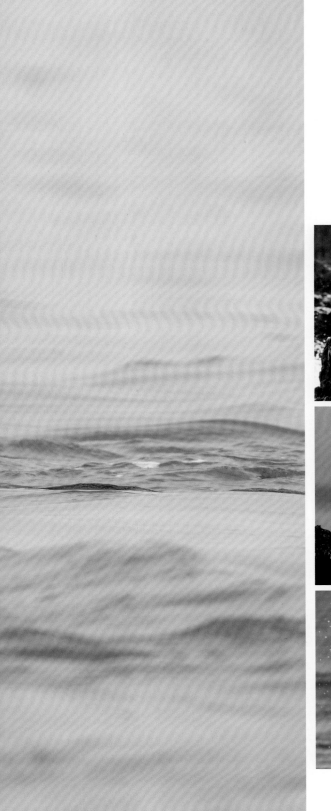

西太平洋斑海豹

CHANGDAO

长岛
海洋生物
多样性
图鉴

西太平洋斑海豹

西太平洋斑海豹

西太平洋斑海豹是食肉动物，它们在长岛海域捕食各种鱼类，也喜食各种甲壳类、头足类等海洋动物。

长岛海域海洋生物资源丰富，分布着各种蟹类、贝类和鱼类，斑海豹每天要吃约为身体体重 8% 的食物，称它为十足的"吃货"一点也不为过。

斑海豹最喜欢做的事情就是享受太阳浴。每天吃饱后，它们会集体爬到礁盘岩石上晒太阳，或趴着或侧躺，圆圆的脑袋时不时地昂起，观察着周围的动静，时刻保持高度的警惕，连睡觉也不例外。每天晚上，这些西太平洋斑海豹都会在几块大礁石上休息睡觉，这里是它们的"露天卧室"。

西太平洋斑海豹

在长岛的大黑山岛和大钦岛的礁石丛中均有渔民目击到西太平洋斑海豹幼崽。

2019 年 2 月，长岛渔民在大黑山乡北庄村发现一只全身披白色胎毛的幼海豹，长 40~50 厘米，重约 10 千克。2020 年 3 月，大钦岛乡渔民在礁石丛中发现一只幼海豹，全身白毛，体重约 8 千克。

在挡浪岛南侧与小黑山岛宝塔礁之间的海域里，一年四季都可以看到数只西太平洋斑海豹栖息、觅食，在礁石上晒太阳。这几只西太平洋斑海豹常年留守在这片海域，守护着它们的家园，并逐渐适应了这里的环境，当地渔民称它们为"当地生"。

CHANGDAO

长岛
海洋生物
多样性
图鉴

西太平洋斑海豹

西太平洋斑海豹

　　长岛遍布低矮礁石，管辖海域岛、礁相间，鱼虾群集，环境幽静，海况适宜，是西太平洋斑海豹栖息、索饵、换毛和繁殖的绝佳场所。20 世纪 30—40 年代，每年 1—5 月间，有大量海豹在此游弋和生息，并成为当时的一大奇观。20 世纪 50—70 年代，西太平洋斑海豹的数量逐年递减。80 年代开始，随着人们环境保护意识的不断增强与严禁猎捕措施的贯彻执行，西太平洋斑海豹又重返故里，数量逐年增多。

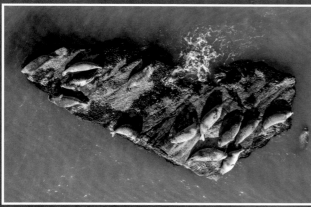

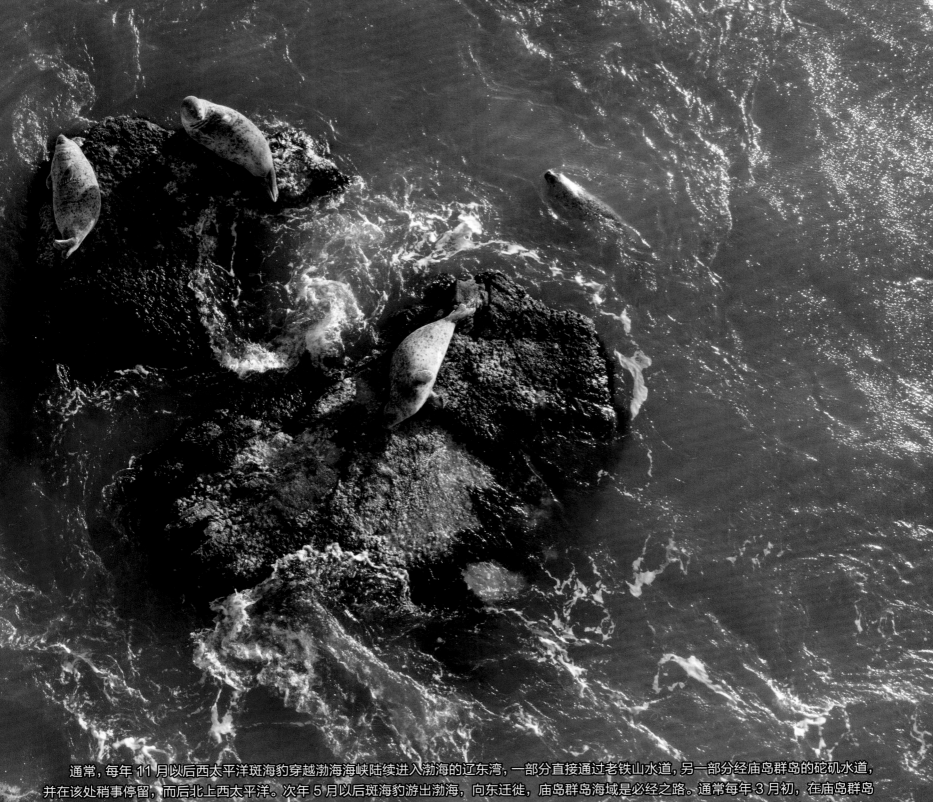

　　通常，每年 11 月以后西太平洋斑海豹穿越渤海海峡陆续进入渤海的辽东湾，一部分直接通过老铁山水道，另一部分经庙岛群岛的砣矶水道，并在该处稍事停留，而后北上西太平洋。次年 5 月以后斑海豹游出渤海，向东迁徙，庙岛群岛海域是必经之路。通常每年 3 月初，在庙岛群岛海豹省级保护区的核心区发现斑海豹。最初 3~5 只，3 月上旬会增加到几十只，此时斑海豹活动范围大多限于挡浪岛北的双礁、海豹礁、大马枪石和小马枪石。3 月下旬至 4 月下旬是斑海豹迁徙的集中期，核心区内的海豹数量较多，达 70 多只。4 月下旬逐渐减少，到 5 月下旬后基本见不到成群的斑海豹。但在观察中也发现，有 3~4 只斑海豹常年留守在保护区内，在挡浪岛南的大礁和挡浪岛北的双礁活动。

"海上霸王" ——虎鲸

虎鲸的一些复杂社会行为、捕猎技巧和声音交流，被认为是其拥有自己文化的证据。它们是食肉动物，性情凶猛，善于进攻猎物，是海豹、海狮等动物的天敌。有时它们还袭击其他鲸类，可称得上是"海上霸王"。

虎鲸

虎鲸

　　脊索动物门，哺乳纲，鲸目，海豚科，虎鲸属，分布于全球各大洋。虎鲸是当之无愧的海中霸王，是海洋食物链中最顶层的职业杀手，常以鲨鱼为食，也会袭击其他鲸豚类。

　　虎鲸是一种大型齿鲸，成年虎鲸体长一般8~10米，体重可达9000千克以上，是海豚科中体型最大的一种。虎鲸身体呈纺锤形，表面光滑，皮肤下面有一层很厚的脂肪用来储存身体的热量。头部略圆，具有不明显的喙。背鳍高而直立，长达1米。身体呈现黑、白两色，两翼骨远隔开。下颌骨相对较短。在上、下颌每齿列有10~12枚圆锥形的齿。嘴巴细长，牙齿锋利，性情凶猛，善于进攻猎物，是企鹅、海豹等动物的天敌。

　　虎鲸分布于全球几乎所有的海洋区域。

　　虎鲸在黄海北部海域出现较多，在渤海海峡海域也有出现。

　　2018年11月27日，长岛水产研究所工作人员首次在长岛海域拍摄到虎鲸。2019年7月22日，"中国渔政37163"号执法船在长岛海域发现3头虎鲸。

珍稀物种——东亚江豚

　　2019 年 10 月至 2021 年 10 月，长岛国家海洋公园管理中心联合中国水产科学院黄海水产研究所采用截线抽样目视观测方法，对长岛海域东亚江豚种群数量与分布进行了 5 次科学考察。考察总航程约 2500 千米，共发现东亚江豚 614 次，1156 头次。综合 5 次考察数据，结果显示砣矶岛—大钦岛西北侧和东南侧为东亚江豚高密度分布区，其余各个岛周边种群目击率相对较低。

　　综合文献资料记载和历次科学考察结果，长岛海域 5—10 月东亚江豚种群数量在 2000 头以上，高峰时达 5000 头以上，种群数量非常丰富；种群目击率高，是目前已知黄、渤海东亚江豚种群密度最大的海域，且存在明显迁移行为，是衔接渤海海域和黄海海域间东亚江豚的生态走廊。

东亚江豚

　　东亚江豚，长岛当地人俗称"江猪"，脊索动物门，哺乳纲，鲸目，鼠海豚科，江豚属。它属于最小的鲸目动物，体长 150~190 厘米，头部较短，近似圆形，额部稍微向前凸出，吻部短而阔，上下颌几乎一样长，牙齿短小，背脊具有很多角质鳞。东亚江豚总体灰白色，背面和侧面呈蓝色，腹部较苍白，有一些形状不规则的灰色斑。

　　春季，它们追随产卵鱼群至近岸水域；秋冬季亦随鱼类越冬洄游，向黄海深水区迁移。春夏季常可见数量众多的东亚江豚活动于长岛海域。

　　东亚江豚喜欢单只或成对活动，结成群体一般不超过 4~5 头，但也有 87 头在一起的记录。它们主要分布于渤海、黄海和东海北部。

▲ 2019 年 6 月 9 日下午，在南隍城岛南部海域，发现东亚江豚母子游弋，其中一只是白化的东亚江豚。

濒危物种——北海狮

北海狮

　　哺乳纲，食肉目，海狮科，北海狮属。北海狮体呈瘦长的纺锤形，头顶略凹，眼大，颈长，面部短宽，吻部钝。具外耳郭，外耳郭相对较短并紧贴在头侧。前后肢均呈桨状，前肢长于后肢，第一趾最长，各趾爪退化。后肢能自脚踝处朝前弯曲，第一、第五趾较长，但爪退化，中间三趾短小，但爪发达。四肢末端裸露，具小而清晰的尾及很小的阴囊。全身主要为黄褐色，胸部、腹部颜色较浅。

　　北海狮性情温和，喜欢集群，非常机警，视觉较差，听觉和嗅觉很灵敏，食性很广，主要包括乌贼、贝类、海蜇和鱼类等，每年 5—8 月间繁殖，每胎仅产 1 仔，一般栖息于寒温带沿岸水域，分布于太平洋海域，偶见于黄海、渤海海域。

　　成年北海狮雄兽和雌兽的体形差异很大，雄兽的体长为 3 米以上，体重可达 1000 千克以上；雌兽体长 2~3 米，体重大约为 300 千克。雄兽在成长过程中，颈部逐渐生出鬃状的长毛。雄兽身体主要为黄褐色，胸部至腹部的颜色较深，雌兽的体色比雄兽略淡。

　　北海狮已于 2012 年列入《世界自然保护联盟濒危物种红色名录》，是国家二级保护动物。

　　2020 年 6 月 2—4 日，在北隍城岛山后村北海口附近发现一头珍稀北海狮，北海狮体长约 2.5 米，体重约 150 千克。

　　这头北海狮在北隍城岛栖息约三天时间，据现场护海员观测，它性情温和，喜欢躺在礁石上晒太阳。

第贰篇

TWO / 其他海洋生物

长岛海域的水下生态系统完整，生长着多种大型海藻，栖息着鱼类、虾类、贝类等众多海洋生物，生物多样性非常丰富，各物种之间互相依存，形成了完整的食物链。

鱼类

"黑老婆"——许氏平鲉

许氏平鲉是平鲉科、平鲉属鱼类。脊索动物门，硬骨鱼纲，鲉形目，平鲉科，平鲉属，体长可达300~450毫米。

许氏平鲉是近海冷水性底层鱼类，常栖息于水质清澈的岩礁区的泥沙底质水域近底层。无远距离洄游习性，不善集群。小个体多在沿岸活动，大个体常活动于水流较急的深水区。越冬时基本不觅食。

许氏平鲉分布于渤海、黄海及鄂霍次克海南部。

长岛海域地理位置优越，各岛周围岩礁密布，饵料丰富。许氏平鲉从南到北分布广泛，种群数量多，资源量大。北五岛海域是许氏平鲉的重要栖息地和主要分布区，2011年，农业部批准设立了长岛许氏平鲉国家级水产种质资源保护区。

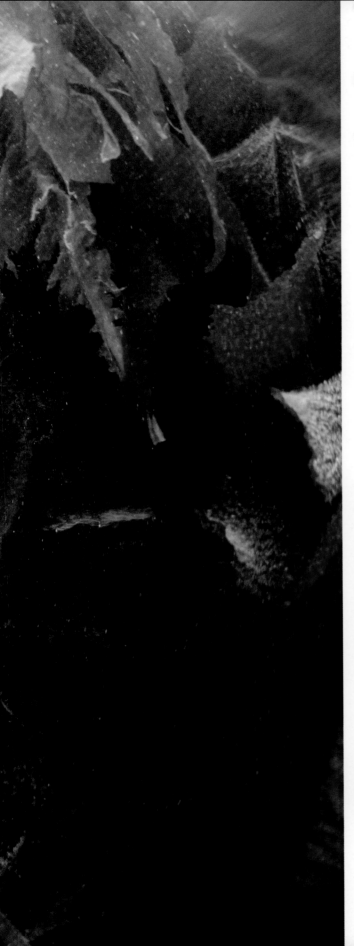

鱼类

　　许氏平鲉食性凶猛，摄食虾、蟹等甲壳类、小型鱼类及头足类，属掠食性类型。该鱼十分贪食，摄食量颇大，胃的饱满度很高。

　　许氏平鲉雄性 2~3 龄、雌性 3~4 龄即可达性成熟。秋天雄性先成熟，在自然海区 11 月前后交尾，精子留在雌体内，待卵成熟时授精，胚胎发育在雌体内进行。生殖期为 4—6 月，水温 14~15℃。该鱼繁殖力甚大，一尾体长 450 毫米的待产亲鱼的怀仔量可高达 31.4 万尾，这在卵胎生鱼种中是不多见的。仔鱼从母体产出后即可自由游泳，并开始摄食。

　　长岛许氏平鲉种群数量多，资源量大，从南至北分布广泛，冬天向北五岛（砣矶岛、大钦岛、小钦岛、南隍城岛和北隍城岛）海域及深水区集中。

许氏平鲉鱼群

许氏平鲉（黑鲪）

许氏平鲉

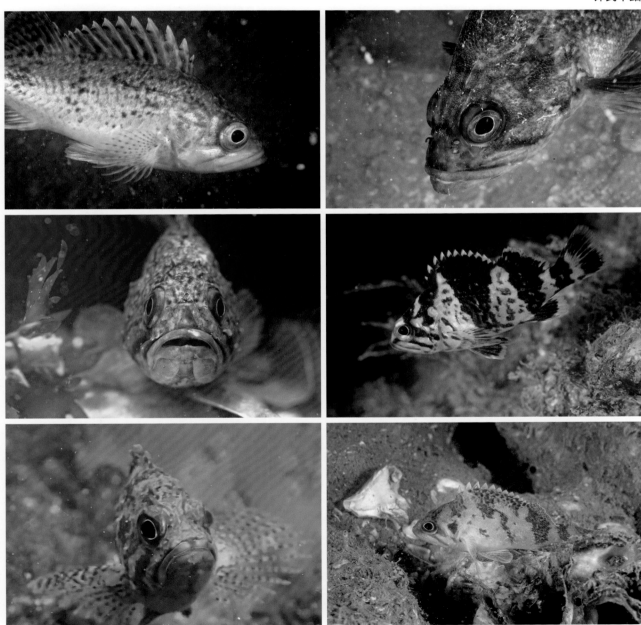

鱼类

大泷六线鱼（黄鱼、六线鱼）

　　脊索动物门，硬骨鱼纲，鲉形目，六线鱼科，六线鱼属。

　　大泷六线鱼体呈长椭圆形，侧扁。头较小，尖突，棘棱退化，吻中长，钝尖。眼较小，侧上位，眶下骨具弱棱。口中大，前位，口裂低斜。上颌稍突出。牙尖细，两颌前部牙数行，外行牙较大，后侧牙1行。犁骨具牙，腭骨和舌上无牙。鳃孔宽大。鳃耙短小，颗粒状。前鳃盖骨、鳃盖骨、下鳃盖骨和间鳃盖骨无棘。无鼻棘。眶前骨和眶下骨无棘。眼前棘、眶上棱、眼上棘、眼后棘、鼓棘和额棘均无。体躯干部被小栉鳞，头部被小圆鳞。侧线5条。背鳍延长，不分离，中间有一浅凹缺。鳍棘细弱，各鳍棘几近等长。臀鳍与背鳍鳍条部约等长。胸鳍宽圆，具分支鳍条和不分支鳍条。腹鳍亚胸位，胸鳍和腹鳍鳍条粗厚。尾鳍截形或稍凹入。体黄褐色、赤褐色或紫褐色，腹部灰白。体侧具不规则云状斑纹。背鳍鳍棘部和鳍条部间浅凹处有一黑斑。臀鳍灰褐色，末端黄色。胸鳍、腹鳍、尾鳍具灰褐色斑纹。

大泷六线鱼

鱼类

　　大泷六线鱼属于近海冷温性中下层鱼类，栖息于沿岸或岛屿的岩礁附近。卵生，黏性卵，常结块黏附于岩礁和海藻上。分布于西北太平洋海域，我国分布于渤海、黄海和东海。在长岛，大泷六线鱼是经济鱼类之一，大量分布于从南、北长山岛至北隍城岛的近岸及深海岩礁地带。与许氏平鲉一样，有冬天向长岛北部海域集中的特性。其资源量不稳定，主要生产作业方式是钓钩。

虾虎鱼

纹缟虾虎鱼

虾虎鱼

长岛海域因为具有丰富的海洋生物饵料资源，成为洄游性鱼类和其他生物进入渤海产卵或游离渤海南下的必经之路。

渤海由于沿岸众多河川入海、水质肥沃，成为渔业资源优良的产卵场和育幼场。对多数海洋生物来说，产卵场、索饵场、越冬场、洄游通道（三场一通道）是它们生命周期中不可缺少的重要环节，对维持种群结构和数量有重要意义。

纹缟虾虎鱼

纹缟虾虎鱼

孔鳐

绿鳍鱼

马面鲀

高眼鲽

鱼类

蓝点马鲛（鲅鱼）

脊索动物门，硬骨鱼纲，鲈形目，鲭科，马鲛属。

体长，侧扁，纺锤状，尾柄细，两侧在尾鳍基各具三隆起嵴；体高小于头长；吻尖长；口大，上下颌约等长；体被细圆鳞，侧线鳞较大，明显，腹侧大部分裸露无鳞。体背侧蓝黑色，腹部银灰色；沿体侧中央具数列黑色圆形斑点。

暖温性中上层鱼类，有洄游习性，行动敏捷，性凶猛，肉食性，捕食结群性小型鱼类和甲壳类。广泛分布于太平洋西北部和渤海、黄海、东海等海域，长岛海域有分布。

在我国分布的蓝点马鲛主要越冬场为黄海东南部外海海域，越冬期为 1—2 月。每年 3 月鱼群离开越冬场，向北作生殖洄游，从长岛经过的越冬鱼群，主要是绕过荣成成山头的一支，经过烟威渔场，通过长岛海域进入渤海湾、莱州湾、辽东湾及滦河口诸产卵场，秋季开始做适温洄游，9 月上旬前后，鱼群陆续游离渤海。

蓝点马鲛为长岛的传统经济鱼类，历史渔场为大竹山渔场、三山岛渔场、蓬莱长岛沿海渔场、烟威渔场，还有渤海中部及莱州湾渔场。

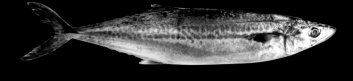

带鱼（刀鱼）

脊索动物门，硬骨鱼纲，鲈形目，带鱼科，带鱼属。

体侧扁，延长呈带状，背腹缘平直，尾部细边状。背鳍及胸鳍浅灰色，带有很细小的斑点，尾巴呈黑色，带鱼头尖口大，至尾部逐渐变细，身高为头长的 2 倍，全长 1 米左右。

性凶猛，主要以鱼类、甲壳类和头足类为食。分布于西太平洋和印度洋，从黄海、东海、渤海一直到南海都有分布，和大黄鱼、小黄鱼及乌贼并称为中国的四大海产。长岛海域均有分布。

长岛海域是带鱼在渤海的洄游通道。带鱼分为南北两大类，北方带鱼越冬场在黄海南部，春天游向渤海，形成春季鱼汛，秋天结群返回越冬场，形成秋季鱼汛。带鱼进出渤海洄游，长岛海域是必经之道。

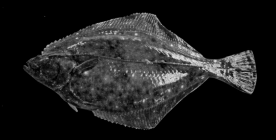

鈍吻黄盖鲽（黄盖）

脊索动物门，硬骨鱼纲，鲽形目，鲽科，黄盖鲽属。

两眼位于头部右侧，体扁平呈长卵圆形。鳃耙短宽而扁。鳞小，有眼侧栉鳞，无眼侧圆鳞，吻与颌无鳞，眼间有鳞。左右侧线发达。分布于太平洋西部近海，长岛海域有分布。

鲐鱼（日本鲭）

　　脊索动物门，硬骨鱼纲，鲈形目，鲭科，鲭属。

　　体长，侧扁，纺锤状，一般体长 20~40 厘米，体重 150~400 克。头大、前端细尖似圆锥形，眼大位高，鲐鱼口大，上下颌等长，各具一行细牙，犁骨和胯骨有牙。体被细小圆鳞，体背呈青黑色或深蓝色，体两侧胸鳍水平线以上有不规则的深蓝色虫蚀纹。腹部白而略带黄色。

　　远洋、暖水性鱼类，每年进行远距离洄游，游泳能力强，速度快。

　　长岛海域每年秋季可见大量鲐鱼幼鱼洄游摄食。其传统渔场主要有烟威渔场、连青石渔场、大沙渔场和海洋岛渔场。

银鲳（镜鱼）

　　脊索动物门，硬骨鱼纲，鲈形目，鲳科，鲳属。

　　体侧扁，体呈近椭圆形，背、腹缘弧形隆起。头较小，侧扁而高。吻短而圆钝。体被细小圆鳞且易剥离；侧线完全，头部后方之侧线管在侧线上方区后缘呈圆形，侧线下方区向后延伸至胸鳍 1/3 处之上方。无腹鳍。背部呈淡墨青色，腹面呈银白色。

　　近海暖温性中下层鱼类，栖息于水深 30~70 米的海区。成鱼主要摄食水母、底栖动物和小鱼。银鲳主要分布于印度洋至西太平洋，我国黄海、渤海等海域，长岛海域有分布。银鲳为长岛捕捞生产的兼捕种类，渔获物中银鲳的占比不大，因而产量不高。生产工具以流刺网、拖网和定置渔具为主。

褐牙鲆（牙片）

　　脊索动物门，硬骨鱼纲，鲽形目，牙鲆科，牙鲆属。

　　体侧扁，长卵圆形。眼位头左侧。上颌长约为头长的 1/2，伸过眼后缘。下颌联合下方有一突起。鳃孔达胸鳍上方。肛门位于体右侧。生殖突位于臀鳍始点左上方，似白点状。头体左侧有小栉鳞，右侧为圆鳞吻、两颌及眼间隔前半部无鳞。

　　冷温性底层鱼类，栖息于水深 20~50 米，底质为泥沙底的大陆架水域，具潜砂习性。属肉食性鱼类，主要捕食底栖性的甲壳类或是其他种类的小鱼。分布于黄海、渤海等海域，长岛海域有分布。褐牙鲆越冬场在水深大于 50 米的黄海北部海域，长岛海域是其洄游的必经通道。一个分支于每年 1—2 月越冬后，3 月北移，入渤海海峡，经长岛海域去往各产卵场产卵，进行生殖洄游。幼鱼长大后，10 月再次到达长岛海域并东移越冬。

高眼鲽（长脖）

脊索动物门，硬骨鱼纲，鲽形目，鲽科，高眼鲽属。

身体呈薄片形，有细鳞，嘴大，牙小而尖，右侧褐色，左侧白色或淡黄色，两眼凸出，生在右侧。近海冷温性底层鱼类，冬季栖息于水深60~80米的水域，有的在180~270米深度可见。食性广，主要摄食小鱼，次为虾类、头足类、棘皮类和多毛类。分布于渤海、黄海、东海等海域，长岛海域有分布。

在长岛，高眼鲽传统渔场有大竹山渔场和北五岛周边海域渔场，大竹山渔场渔期自春分开始，到夏至后结束。北五岛周边海域渔场渔期与大竹山渔场渔期基本一致。长岛的高眼鲽生产以底拖网为主，产量最高在20世纪五六十年代，一般年产量为4000~6000吨，最高为1965年的8680吨。70年代后产量逐年下降，1985年年产量仅135吨。90年代以后，资源量下降明显，已形不成鱼汛。

黄鮟鱇（蛤蟆鱼）

脊索动物门，硬骨鱼纲，鮟鱇目，鮟鱇科，黄鮟鱇属。

体颇细长，头宽扁，表皮平滑，无鳞，体侧具有许多皮须；眼间隔宽且稍凹陷；肱骨脊发达，具2~3枚小棘。饵球具有类似三角信号旗状的简瓣。黄褐色体背具有不规则的深棕色网纹，腹面呈浅色，胸鳍底末梢呈深黑色。

属深海底栖性鱼类，通常栖息于深度100~600米水域，以吻、触手及饵球引诱猎物前来，在瞬间一口吸入猎物，以鱼类及甲壳类为食。分布于印度洋及北太平洋西部，东海、黄海和渤海均有分布，长岛海域有分布。长岛黄鮟鱇捕捞生产历史悠久，20世纪80年代以前产量较大，捕捞工具主要是拖网和定置网具。

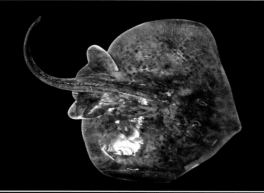

孔鳐（劳板鱼）

脊索动物门，软骨鱼纲，鳐目，鳐科，鳐属。

体平扁，体盘略呈圆形或斜方形，一般体长30~50厘米。体盘宽度大于长度，体重1~5千克，尾平扁狭长，侧褶发达，吻中长，吻端突出。眼小，椭圆形。喷水孔位于眼后。栖息在较寒海区沙底，常浅埋沙中，露出眼和喷水孔，白日潜伏，晚上活动觅食。分布于渤海、黄海、东海等海域。长岛海域有分布，主要分布区在北隍城岛附近及以北海域。

长岛渔民的主要捕捞作业渔场在北隍城以北、老铁山以南海域。

黄鲫（毛扣）

脊索动物门，硬骨鱼纲，鲱形目，鳀科，黄鲫属。

体扁薄，背缘稍隆起，头短小，眼小。吻突出，口裂大而倾斜。体被薄圆鳞，易脱落，腹缘有棱鳞，无侧线。吻和头侧中部呈淡黄色，体背是青绿色，体侧为银白色。栖息于水深4~13米的淤泥底质、水流较缓的浅海区。分布于印度洋和太平洋西部。长岛海域有分布。在长岛，黄鲫作为底杂鱼类捕捞，产量较大，每年春季和秋季是捕捞盛期。捕捞工具主要是拖网和沿岸定置网具。

太平洋鲱（青鱼）

脊索动物门，硬骨鱼纲，鲱形目，鲱科，鲱属。

体长而侧扁，腹部近圆形。头中等大。眼中等大，侧上位，有脂膜，每侧有前、后两鼻孔；眼间隔中间有一长凸棱。口小而斜，侧上位。全身除头部外均被圆鳞。无侧线。体背呈灰黑色，两侧及下方银白色，侧上方微绿。分布于渤海、黄海等海域，长岛海域有分布。

太平洋鲱曾是长岛主要的经济鱼类，资源量较大，每年形成两次鱼汛，冬春汛和夏秋汛。冬春汛，每年2月底至3月初在长岛海域形成生产旺汛，捕捞方式为围网和定置网具，围网生产4月结束。夏秋汛渔期为每年5—11月。据记载，长岛捕捞生产最低年产量为1969年的95吨，最高年产量出现在1973年，达到5250吨。20世纪80年代以后，太平洋鲱的资源量呈逐渐下降趋势。

多鳞鱚（沙丁鱼）

脊索动物门，硬骨鱼纲，鲈形目，鱚科，鱚属。

体呈长圆柱形，略侧扁，由第一背鳍向前有长而尖之头部，向后有逐渐纤小之尾部。口小，开于吻端，上下颌和锄骨上有带状细齿，但口盖骨、颌骨及舌上均无齿。体被小型栉鳞，鳞片易脱落。头部至体背侧土褐色至淡黄褐色，腹侧灰黄色，腹部近于白色。为沿岸的小型鱼类，主要栖息于泥沙底质的沿岸沙滩、河口红树林区或内湾水域，甚至淡水域。长岛海域有分布。

七星鲈鱼（青鲈）

脊索动物门，硬骨鱼纲，单鳍鱼形目，花鲈科，花鲈属。

体侧扁，长纺锤形，背腹面皆钝圆。前腮盖骨的后缘有细锯齿，其后角下缘有3个大刺，后鳃盖骨后端具1个刺。鳞小，侧线完全、平直。体背部灰色，两侧及腹部银灰。体侧上部及背鳍有黑色斑点，斑点随年龄的增长而减少。鲈鱼喜欢栖息于河口咸淡水处，亦能于淡水中生活。主要在水的中下层游弋，有时也潜入底层觅食，属近岸浅海鱼类，分布于我国渤海、黄海、东海、南海及西太平洋海域。

长岛海域是七星鲈鱼的索饵和越冬地之一，从南到北均有分布，资源量较为丰富，但形不成明显鱼汛。渤海海域，每年3月下旬至4月孵化幼鱼，在近岸河口索饵，幼鱼长大后逐渐进入较深海域。七星鲈鱼捕捞是长岛渔民的传统作业项目，捕捞工具以拖网和流刺网为主，春秋两季定置网具也有一定产量。

星康吉鳗（狼牙鳝、星鳗）

脊索动物门，硬骨鱼纲，鳗鲡目，康吉鳗科，康吉鳗属。

体形圆筒状，呈蛇形，但尾部侧扁，体表多胶质样黏液。口宽大、舌端游离、牙细小且排列紧密，无犬牙。背鳍与臀鳍及尾鳍相连。胸臀狭小，腹鳍消失。背后侧灰褐色，腹下部灰乳色。侧线孔和侧线上方有星状斑点（故有星鳗称谓）。为温水性近海洄游性鳗类，栖息于沿岸泥沙底质海区。长岛海域有分布。

白姑鱼（白姑子）

脊索动物门，硬骨鱼纲，鲈形目，石首鱼科，白姑鱼属。

体延长，侧扁，背、腹缘略呈弧形。头钝尖，口裂大，端位，倾斜，吻不突出。吻端、眼周围及颊部被圆鳞，余被栉鳞，背鳍软条部和臀鳍基有一列鞘鳞，尾鳍基部有小圆鳞。耳石为白姑鱼型，即三角形。胸鳍基上缘点在背、腹鳍基起点前，位鳃盖末端下方，背鳍基和腹鳍基起点相对；尾鳍楔形；第二臀鳍棘略短于眼径。体侧上半部紫褐色，下半部银白色。口腔白色。鳃腔黑色。鳃盖后缘具暗色斑块。

白姑鱼为暖温性近底层鱼类，一般栖息于水深 40~100 米的泥沙底质海区。有明显季节洄游习性。长岛海域有分布。

小黄鱼（小黄肚）

脊索动物门，硬骨鱼纲，鲈形目，石首鱼科，黄鱼属。

体延长，侧扁，体侧腹部有多列发光颗粒。头钝尖形，口裂大，端位，倾斜，吻不突出，上颌长等于下颌，上颌骨后缘达眼眶后缘；吻缘孔 5 个。头部及体侧前部被圆鳞，体侧后部被栉鳞，背鳍软条部和臀鳍 2/3 以上皆有小圆鳞，尾鳍布满小圆鳞。耳石为黄花鱼型，即呈盾形。体侧上半部为黄褐色，下半部各鳞下都具金黄色腺体。小黄鱼为暖温性底层结群洄游鱼类，一般栖息于软泥或泥沙底质海区，有垂直移动现象。主要食物为浮游甲壳类和其他幼鱼。分布于西北太平洋海区，渤海、黄海和东海均有分布，长岛海域有分布。

春夏季生殖季节，水温 11~15℃时，集群洄游的小黄鱼到渤海的河口或内湾水域产卵繁殖，秋冬季节游离渤海。长岛渔民的作业渔场主要是渤海周边及长岛海域，还有烟威渔场、海洋岛渔场等。小黄鱼生产以双拖网为主，近岸则使用定置网具，春汛 5—6 月，秋汛 11 月中旬至 12 月上旬。长岛小黄鱼捕捞量的最高年份在 1957 年，为 2620 吨，之后捕捞产量越来越少。

鮸（鮸鱼）

脊索动物门，硬骨鱼纲，鲈形目，石首鱼科，鮸属。

体侧扁，略延长。口腔内为鲜黄色；上颌外齿为犬齿状，尤以前端 2 枚最大。体背部为银灰褐色，腹部灰白。背鳍灰黑，软条的基部具数列小圆鳞，占软条高度的 1/3。鮸鱼尾柄细长，尾鳍楔形。喜栖息于浊度较高的水域。能以鱼鳔发声，性凶猛。白天下沉，夜间上浮。分布于渤海、黄海及东海等海域，长岛海域有分布。

长绵鳚（光鱼）

脊索动物门，硬骨鱼纲，鲈形目，绵鳚科，绵鳚属。

体延长，略成鳗形，一般体长 20~30 厘米、体重 70~150 克、眼小、口大，上颌较下颌略长，吻钝圆。全身鳞甚细小，深埋于皮下，体呈淡黄黑色。背鳍特别长，起于鳃盖边缘直至尾端，胸鳍宽圆，腹鳍很小。为近海底层鱼类，多匍匐海底，不远距离洄游。一般不结成大群。每年夏末秋初性成熟，生殖期为每年 12 月至翌年 2 月，卵胎生。幼鱼主要摄食甲壳类，成鱼除食甲壳类外还吃头足类、鱼卵和小鱼等。分布于渤海、黄海和东海，长岛海域有分布。

方氏云鳚（面条鱼）

　　脊索动物门，硬骨鱼纲，鲈形目，锦鳚科，云鳚属。

　　俗称高粱叶，幼鱼称面条鱼。体延长，带状。体被小圆鳞，无侧线。成体棕褐色，腹部色淡，背上缘和背鳍有 13 余条白色垂直细横纹，横纹两侧色较深。体侧有云状褐色斑块。栖息于近岸沙泥底质水域底层，常在岩礁附近的海藻丛中活动，幼鱼喜集群，成鱼较分散。幼体在 38 毫米左右时，体无色透明。卵胎生，主要食物为浮游生物。分布于黄海、渤海，长岛海域有分布。

真鲷（红加吉）

　　脊索动物门，硬骨鱼纲，鲈形目，鲷科，真鲷属。

　　体椭圆形，侧扁，背缘隆起，腹缘圆钝。头中大，前端甚钝。吻钝。口略小，端位；上颌前端具圆锥齿 2 对，两侧具臼齿 2 列，下颌齿约同于上颌齿。侧线完整，背鳍单一。体色呈淡红色，腹部为白色，背部零星分布蓝色的小点，至成长会逐渐消失，尾鳍上叶末梢缘呈黑色，下尾鳍缘呈白色。真鲷为近海暖水性底层鱼类，栖息于近海水深 30~150 米的岩礁、沙砾及沙泥底质海区，平时生活于水深 150 米左右、泥沙底、底栖生物集中之处。分布于印度洋北部沿岸至太平洋中部。长岛海域有分布，北五岛海域资源量较大。长岛海域是真鲷产卵洄游的必经之地，生产历史悠久，经济效益高。20 世纪 30—60 年代，是真鲷生产最好时期。主要生产方式是延绳钓（加吉鱼缆钩）。

鲬（辫子鱼）

　　脊索动物门，硬骨鱼纲，鲉形目，鲬科，鲬属。

　　体延长，平扁，向后渐尖，尾部稍侧扁。头宽扁。眼上侧位，眼间隔宽凹。口大，端位，下颌突出。牙细小，犁骨牙群不分离，呈半月形。鳃孔宽大。体被小栉鳞。侧线平直，侧中位。背鳍 2 个，相距很近；臀鳍和第二背鳍同形相对，具 13 鳍条；胸鳍宽圆；腹鳍亚胸位；尾鳍截形。体黄褐色，具黑褐色斑点，腹面浅色，背鳍鳍棘和鳍条上具纵列小斑点，臀鳍后部鳍膜上具斑点和斑纹。

　　为近海底层鱼类，栖息于沙底浅海区域，行动缓慢，一般不结成大群；有短距离洄游习性，长岛海域有分布。鲬在深水区越冬时，鱼群分散，潜伏海底，每年 3 月由越冬场逐渐向近岸水域移动、洄游，4 月中旬经长岛水域进入渤海，分布于长岛沿岸浅水区，产卵期间集群，幼鱼分散索饵。每年 7—10 月为索饵期。长岛鲬鱼捕捞主要是底拖网和定置渔具，产量不大，全年都可生产。

假睛东方鲀（廷巴鱼）

　　脊索动物门，硬骨鱼纲，鲀形目，鲀科，东方鲀属。

　　体亚圆筒形，背面和腹面背小刺。吻圆口小。上下颌具有两个喙状牙板。背面灰黑色，散布小斑，随生长模糊。体侧胸鳍后上方具一圆形大黑斑，边缘白色。胸斑后边无黑色斑纹。分布于渤海、黄海、东海等海域。假睛东方鲀是在长岛海域分布较广、资源量较大的鲀科鱼类，盛产于 20 世纪 80 年代。主要捕捞工具是拖网、钓钩和定置网具。

绿鳍马面鲀（扒皮郎）

　　脊索动物门，硬骨鱼纲，鲀形目，单角鲀科，马面鲀属。

　　体较侧扁，呈长椭圆形，与马面相像。头短，口小，牙门齿状。眼小、位高、近背缘。鳃孔小，大部分或几乎全部在口裂水平线之下。鳞细小，绒毛状。体呈蓝灰色，无侧线，体侧具不规则暗色斑块。第二背鳍、臀鳍、尾鳍和胸鳍绿色。第一背鳍有 2 个鳍棘，第一鳍棘粗大并有 3 行倒刺；腹鳍退化成一短棘附于腰带骨末端不能活动，臀鳍形状与第二背鳍相似，始于肛门后附近；尾柄长，尾鳍截形，鳍条墨绿色。第二背鳍、胸鳍和臀鳍均为绿色，故而得名。

　　绿鳍马面鲀是外海暖温性底层鱼类。分布于渤海、黄海、东海等海域，长岛海域有分布。

绿鳍鱼（红鞋鱼、红娘鱼）

　　脊索动物门，硬骨鱼纲，鲉形目，鲂鮄科，绿鳍鱼属。

　　体延长，亚圆筒形，略侧扁，向后渐细小。头大，略呈长方形，背面及侧面均被骨板。吻长，向前倾斜，吻端凹入，两侧角状突出。眼上侧位。口前腹位。侧线位高，较平直。体红色，胸鳍内侧面蓝灰色，常具斑点。为近海底层鱼类，常栖息于泥沙底质海区。能用胸鳍游离鳍条在海底匍匐爬行。长岛海域有分布。

鲛（梭鱼）

　　脊索动物门、硬骨鱼纲、鲻形目，鲻科，鲛属。

　　体长梭形，前端扁平，尾部侧扁。鳞中等，除吻部外全体被鳞；胸鳍腋鳞不存在；无侧线。第一背鳍短小，由 4 根硬棘组成，位于体正中稍前；第二背鳍在体后部，与臀鳍相对；胸鳍位置较高，贴近鳃盖后缘；尾鳍分叉浅，呈微凹形。头、背部深灰绿色，体两侧灰色，腹部白色，各鳍灰白色。为近海鱼类，多栖息于沿海及江河口的咸淡水中。长岛海域有分布。

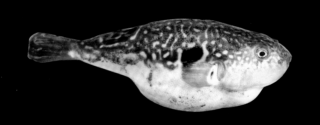

红鳍东方鲀（黑艇跋）

脊索动物门，硬骨鱼纲，鲀形目，鲀科，东方鲀属。

大形鲀类，体长一般为 350~450 毫米，最大可达 800 毫米，体重 10 千克以上。体亚圆筒形，背面和腹面被小棘。上下颌各具 2 个喙状牙板。体侧皮褶发达。背面黑灰色，胸斑后方具黑色斑纹多条。胸鳍后上方体侧有一白缘眼状大黑斑，其后到尾部尚有数个小黑斑。背鳍及尾鳍黑色；胸鳍灰褐色；臀鳍红黄色，基部较红。暖温性中下层有毒鱼类。受刺激后迅速吸入水或空气，鼓体张棘，以此威吓御敌。分布于东海、黄海和渤海等海域，长岛海域有分布。

黄鳍东方鲀（黄廷巴）

脊索动物门，硬骨鱼纲，鲀形目，鲀科，东方鲀属。

体亚圆筒形，稍侧扁，体前部粗圆，向后渐细，尾柄长圆锥状。眼眶间隔大于吻长。鼻孔小，每侧 2 个，鼻瓣呈卵圆形突起。体背自鼻瓣前缘上方至背鳍前方及腹面自鼻瓣前缘下方至肛门前方被小棘。鳃孔内侧淡色。背鳍近似镰刀形，位于体后部。臀鳍与其同形且相对。无腹鳍。尾鳍宽大，截形或近圆形。各鳍均艳黄色。黄鳍东方鲀为暖温性近海底层中大型鱼类，主要以虾、蟹、贝类、头足类、棘皮动物和小型鱼类为食。长岛海域有分布。

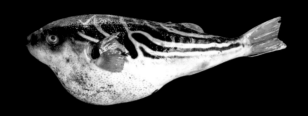

斑鰶（斑点水滑）

脊索动物门，硬骨鱼纲，鲱形目，鲱科，斑鰶属。

体侧扁，长椭圆形。体被圆鳞，腹缘棱鳞，胸鳍和腹鳍的基部有短的腋鳞。无侧线。头后背和体背缘青绿色。体侧上方有 8~9 行纵列的绿色小点。体侧下方和腹部为银色。吻部乳白色。鳃盖大部金黄色。鳃盖的后上方有一大块绿斑。斑鰶为近海中上层鱼类，喜栖息于沿海港湾和河口，水深 5~15 米处。以浮游植物和浮游动物为食，有时也摄食底栖生物以及小型甲壳类。长岛海域有分布。

青鳞小沙丁鱼（青鳞鱼）

脊索动物门，硬骨鱼纲，鲱形目，鲱科，小沙丁鱼属。

体呈长椭圆形，一般体长 10~12 厘米，体重 8~10 克。头小，尾短，有发达的脂眼睑。口小，下颌稍长于上颌，两颌、腭骨及舌部有细牙。上颌骨中间无凹陷。体被大而薄的圆鳞，排列稀疏、容易脱落，腹缘有锯齿状大棱鳞、无侧线。背鳍 1 个，胸鳍位低，腹鳍小于胸鳍，尾鳍叉形。头及背侧青绿色，腹侧银白色。长岛海域有分布。

鱼类

黑鲷（黑加吉）

脊索动物门，硬骨鱼纲，鲈形目，鲷科，鲷属。

体高而侧扁，呈椭圆形，背缘隆起，腹缘圆钝。头中大，前端尖。口端位；上下颌约等长；上颌前端具圆锥齿 2~3 对，两侧具臼齿 4~5 列，下颌前端具圆锥齿 2~3 对，两侧具臼齿 3 列。体被薄栉鳞，背鳍及臀鳍基部均具鳞鞘，胸鳍中长，长于腹鳍，尾鳍叉形。体灰黑色而有银色光泽，有若干不太明显之暗褐色横带，侧线起点近主鳃盖上角及胸鳍腋部各一黑点。除胸鳍为橘黄色外，其余各鳍均为暗灰褐色。

黑鲷为浅海底层鱼类，喜栖息在沙泥底或多岩礁海区，一般在 5~50 米水深的沿岸带移动，不做远距离洄游。长岛海域有分布，北五岛周围砾石和岩礁底质海域资源量较大。在长岛，每年 5—8 月是黑鲷生产季节，传统生产方式是垂钓和延绳钓，20 世纪 30—60 年代，产量大、效益也高。70 年代以后，黑鲷资源量逐渐减少。

黄姑鱼（黄婆）

脊索动物门，硬骨鱼纲，鲈形目，石首鱼科，黄姑鱼属。

体延长，侧扁，背部稍隆起。吻稍突出；口裂大，端位，倾斜，上颌长于下颌，上颌骨后缘延伸达瞳孔后缘。除吻端、眼下部、颊部及喉前部为圆鳞外，余皆被栉鳞。耳石为黄姑鱼型。体侧上半部紫褐色，下半部银白带橙黄色，体侧每一鳞片皆具褐斑，呈向前下方倾斜的条纹。黄姑鱼为近海中下层鱼类，栖息于水深 70~80 米、泥或沙泥底海域。具明显季节洄游习性，具有发声能力，特别是在鱼群密集生殖盛期更强。黄姑鱼为长岛海域习见种类，从南到北均有分布，产量较大。主要生产工具为底拖网、定置渔具和钓钩。

日本下鱵鱼（马步鱼）

脊椎动物亚门，硬骨鱼纲，颌针鱼目，鱵科，下鱵鱼属。

小型海洋鱼类，俗称马步鱼。体型偏细长，体长为 17~24 厘米。上颌呈三角状，长与宽相等，下颌延长成喙状。牙细小、体披细小圆鳞，背面正中线有一条较宽的翠绿色纵带。背鳍与臀鳍相对，均位于体后方，胸鳍位高、黄色，尾鳍叉形，呈浅绿色，下叶略长于上叶。是一种海水淡水混合的海杂鱼种，它在淡水里繁殖，但生长却是在海水里，因为生长周期短，世代更新快，所以资源非常充足，在中国主要分布在渤海、黄海一带，长岛海域有分布。20 世纪 90 年代以前，长岛海域日本下鱵鱼产量较大，生产工具是浮拖网和钓钩。

扁颌针鱼（扁鹤鱵）

脊索动物门，硬骨鱼纲，颌针鱼目，颌针鱼科，扁颌针鱼属。

身体细长，甚侧扁，略呈带状，长可达 140 厘米。截面圆楔形，体高为体宽的 2~3 倍。两颚突出如长喙，具带状排列之细齿，且具一行排列稀疏的大犬齿。背鳍 1 枚，与臀鳍对排于体之后方。尾鳍深开叉。鳞细小，无鳃耙。体背翠绿色至暗绿色，腹部银白色，体侧具 8~13 条暗蓝色横带，各鳍淡翠绿色，边缘黑色，两腭齿亦呈绿色。

大洋性表层鱼类，性凶猛，以小鱼为主食，热带海域及温带暖水海域分布广泛。长岛海域有分布。

石鲽（二色鲽）

脊索动物门，硬骨鱼纲，鲽形目，鲽科，石鲽属。

体扁，呈长卵圆形，尾柄短而高。头中大。吻较长，钝尖。眼中大，均位于头部右侧，上眼接近头背缘。眼间隔稍窄。口小，前位，斜裂，左右侧稍对称。下颌略向前突出。牙小而扁，尖端截形，两颌各具牙 1 行，无眼侧较发达。舌短，唇厚，鳃孔宽大，前鳃盖骨边缘稍游离，鳃耙短而尖。体无鳞。有眼侧头及体侧有大小不等的骨板，分散或成行排列，背鳍基底下方具一行较大骨板，侧线上下各有一纵行较大骨板。无眼侧光滑，不具骨板。侧线发达，几呈直线形，颞上支短。背鳍起点偏于无眼侧，稍后于上眼前缘。臀鳍始于胸鳍基底后下方，两鳍近同形，中部鳍条略长。胸鳍两侧不对称，有眼侧小刀形，稍长，无眼侧圆形。腹鳍小，位于胸鳍基部前下方，左右对称。尾鳍后缘圆截形。有眼侧体为灰褐色，粗骨板微红，体及鳍上散布小暗斑。无眼侧灰白色。

近海冷温性底层鱼类，产于渤海、黄海和东海。喜栖息于泥沙底质海域。主要以小型虾蟹类、贝类和沙蚕类等为食。每年春季至夏初可在潮间带发现大量幼鱼。

石鲽属于典型的底层鱼类，常附贴在海底使天敌难以发现，有时则会全身隐埋于泥沙中，择机觅食。

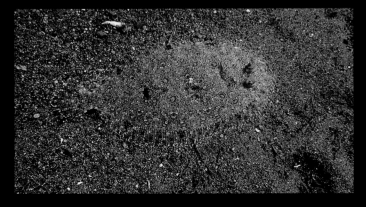

虫鲽（沙板）

脊索动物门，硬骨鱼纲，鲽形目，鲽科，虫鲽属鱼类。

体长椭圆形，体侧扁，中央稍前体最高；尾柄短高；头高大于头长；吻钝短，背缘中部微凸，两眼位头右侧；眼间隔窄，微凸；右侧前后鼻孔很近；前鼻孔短管状；左鼻孔位于上眼前方吻左侧；上颌达下眼中央下方。前鳃盖骨后缘游离。鳃孔大达侧线附近。肛门位臀鳍基稍前偏左侧。生殖孔位肛门后缘偏右侧。鳞长卵圆形，稍小；头体右侧为栉鳞，左为圆鳞。背鳍始于上眼约前 1/4 的偏头左侧，臀鳍约始于胸鳍基后端下方，右胸鳍上邻侧中线，左胸鳍近圆形，尾鳍后端双截形或圆形。头体右侧淡褐色，散有许多大小不等的暗褐色环纹；鳍灰黄色，奇鳍有黑褐色斑点。左侧体白色，鳍淡黄色。

黄海的海底主要以岩礁和泥沙为主，特别适合虫鲽栖息。

鱼类

条石鲷

库达海马

眼斑拟石首鱼

太平洋鳕

▲ 库达海马是非常珍稀的海洋鱼类，在中国近海海域中，海草、海藻床上常易见到海马。2020年8月，在南长山岛鱼市发现了这只被列入《世界自然保护联盟濒危物种红色名录》的"易危"物种"库达海马"，属于国家二级保护动物，《濒危野生动植物种国际贸易公约》附录 II、《中国物种红色名录》濒危物种。

▶ 海龙，脊索动物门，脊椎动物亚门，硬骨鱼纲，目刺鱼，海龙科，海龙属。海龙全身呈长形而略扁，中部略粗，尾端渐细而略弯曲。成年个体长 20~40 厘米，中部直径 2~2.5 厘米，头部具管状长嘴，嘴的上下两侧具细齿，有两只深陷的眼睛。表面黄白色或灰棕色，黄白色者则背棱两侧有两条灰棕色带。

海龙也称杨枝鱼、管口鱼，是一种硬骨鱼，动物学分类中归为一科——海龙科。海龙科有150多种。我国有25种海龙。海龙跟海马是亲戚。

海龙

日本鲭

方氏锦鳚

真赤鲷

日本鳗鲡

路氏双髻鲨

根据《黄渤海鱼类图志》记述，黄、渤海区域共有鱼类323 种，隶属 4 纲、35 目、124 科、231 属，其中虾虎鱼科种类最多，有 26 种，其次是鲉科，为 19 种；再次为鲹科，有 16 种；鲉科 15 种；鲽科和石首鱼科分别有 14 种和 12 种；其他各科均不超过 12 种。

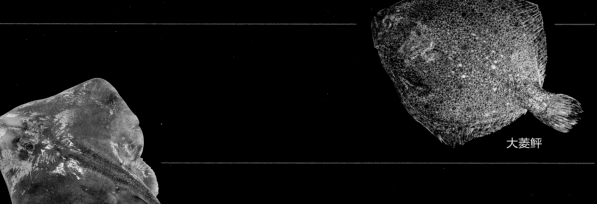

大菱鲆

CHANGDAO

长岛
海洋生物
多样性
图鉴

鱼类

斑鳐

长岛海域的游泳动物以鱼类为主，属于北太平洋温带动物区系的东亚鱼类亚区。在鱼类中以暖温性鱼类占优势地位，如小黄鱼、黄姑鱼、蓝点马鲛、鲈鱼、焦氏舌鳎、半滑舌鳎、褐菖鲉和绿鳍马面鲀等。也有不少是暖水性种类，如斑鰶、黄鲫、鲻鱼、鳓鱼、真鲷、带鱼、鲐鱼、海鳗、叫姑鱼和银鲳等。

石斑鱼

长蛇鲻

鲱鱼

短鳍红娘鱼

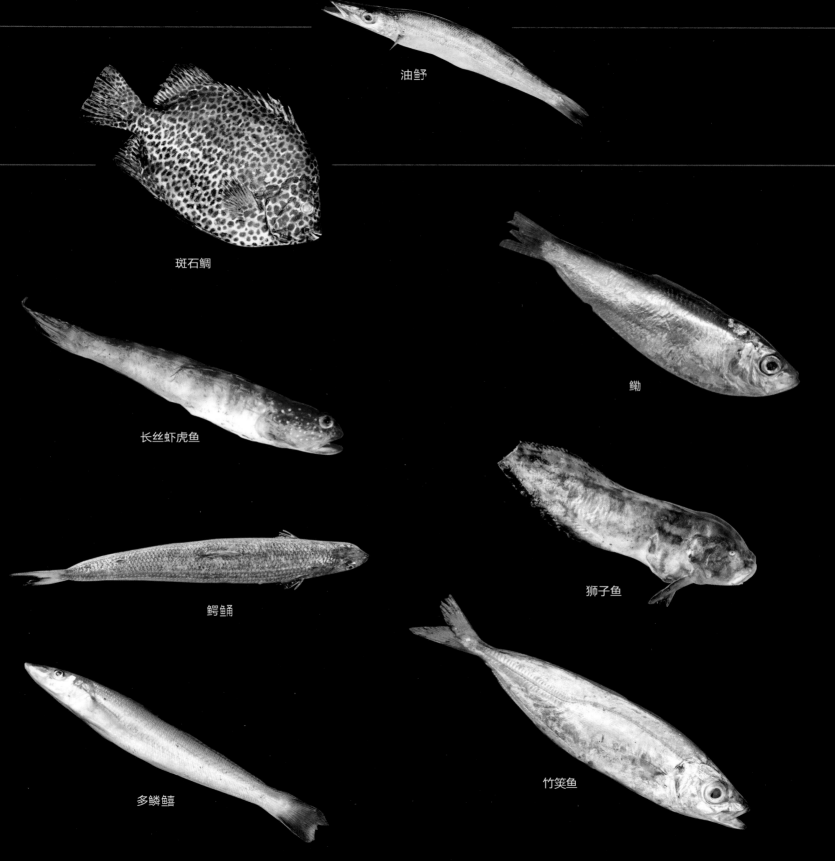

油鲆

斑石鲷

鳓

长丝虾虎鱼

鳄鱼鲫

狮子鱼

鳄鱼甬

多鳞鱚

竹筴鱼

甲壳类

　　螃蟹属软甲纲，十足目，是甲壳类动物，身体被硬壳保护着，靠鳃呼吸。在生物分类学上，它与虾、龙虾、寄居蟹是同类动物。

　　绝大多数种类的螃蟹生活在海里或近海区，也有一些栖于淡水或陆地。常见的螃蟹有三疣梭子蟹、远海梭子蟹、日本蟳和中华绒螯蟹（河蟹、毛蟹、清水蟹）等。

　　长岛的海洋资源丰富，螃蟹是最常见的海鲜之一，每年四五月份螃蟹最肥，长岛旅游旺季 8—10 月间也是螃蟹肥的时候。蟹的种类很多，世界上约 4700 种，我国蟹的种类就有 600 种左右，有梭子蟹、日本蟳、蛙蟹、关公蟹等，因分布的地理位置不同，所以也有等级之分。长岛三疣梭子蟹和日本蟳居多，肉肥黄多，个大味美。

大寄居蟹

日本蟳

日本蟳（赤甲红、花盖）

　　节肢动物门，软甲纲，十足目，梭子蟹科，蟳属。

　　全体被有坚硬的甲壳，背面灰绿色或棕红色，头胸部宽大，甲壳略呈扇状，长约6厘米，宽约9厘米；前方额缘有明显的尖齿6个；前侧缘亦有6个宽锯齿，额两侧有具有短柄的眼1对，能活动。口器由3对颚足组成，前端有大小触角2对。胸肢5对，第1对为强大的螯足，第2~4对长而扁。末端爪状，适于爬行，最后1对，扁平而宽，末节片状，适于游泳。生活于潮间带至水深10~15米有水草、泥沙的水底或潜伏于石块下，属沿岸定居性种类。长岛海域日本蟳分布范围较广，资源较为丰富，渔获物中常见到体色明显不同的两种个体。体色暗红的俗称"赤甲红"，较浅的俗称"花盖"。

日本蟳

三疣梭子蟹

　　节肢动物门，软甲纲，十足目，梭子蟹科，梭子蟹属。

　　体背面灰绿色或棕红色。头胸甲横卵圆形，表面隆起，幼时具绒毛，成体光滑无毛。躯体由头、胸、腹三部分及附肢组成。共分20节，头部5节，胸部8节，腹部7节。在进化过程中，头部和胸部愈合，称头胸部，具有13对附肢。腹部显著退化，褶贴在头胸部的腹面，俗称"蟹脐"。蟹脐打开后可见中线有一纵行凸起，内有肠道贯通，肛门开口于末端。三疣梭子蟹栖息在近海浅海水深10~50米的海区，在10~30米泥沙底质的海区群体最密集，白天多潜伏在海底，夜间则游到水层觅食。以海藻、螺以及鱼、虾、蟹等为食。

　　三疣梭子蟹在长岛各岛海域均有分布。20世纪90年代以前，三疣梭子蟹资源好，产量高，曾是长岛的主要经济品种。捕捞方式有拖网、锚流网和三层流刺网。

双斑蟳

三疣梭子蟹

天津厚蟹

小海蟹

大寄居蟹

寄居蟹

中国对虾

节肢动物门，软甲纲，十足目，对虾科，对虾属。

体形长大，侧扁，甲壳较薄，表面光滑。雌性成体 180~235 毫米，雄性成体 130~170 毫米。通常雌虾个体大于雄虾。对虾全身由 20 节组成，头部 5 节、胸部 8 节、腹部 7 节。除尾节外，各节均有附肢一对。有 5 对步足，前 3 对呈钳状，后 2 对呈爪状。头胸甲前缘中央突出形成额角。额角上下缘均有锯齿。额角细长，平直前伸，顶端稍超出第二触角鳞片的末缘，其基部上缘稍微隆起，末端尖细。中国对虾属广温、广盐性、一年生暖水性大型洄游虾类，平时在海底爬行，有时也在水中游泳。渤海湾对虾每年秋末冬初便开始越冬洄游，经长岛海域到黄海东南部深海区越冬；翌年春北上，形成产卵洄游。

中国对虾的产卵场主要有渤海湾、莱州湾、辽东湾及渤海湾河口浅水区，春夏季繁殖长成后，9 月开始向渤海中部经渤海海峡及黄海北部洄游，形成秋季鱼汛，此时经过长岛海域。长岛渔民的主要捕捞工具有底拖网、锚流网和定置张网。每年 9 月初对虾开捕，10 月达到高潮，11 月下旬渔期结束。历史最高产量为 1979 年的 3158 吨。

CHANGDAO
长岛
海洋生物
多样性
图鉴

甲壳类

日本褐虾

葛氏长臂虾

葛氏长臂虾

首鲍蛄虾

鹰爪虾

鹰爪虾

节肢动物门，软甲纲，十足目，对虾科，鹰爪虾属。

体较粗短，甲壳很厚，表面粗糙不平。体长 6~10 厘米，体重 4~5 克。额角上缘有锯齿。头胸甲的触角刺具较短的纵缝。腹部背面有脊。尾节末端尖细，两侧有活动刺。体红黄色，腹部备节前缘白色，后背为红黄色，弯曲时颜色的浓淡与鸟爪相似。鹰爪虾喜欢栖息在近海泥沙海底，昼伏夜出。

鹰爪虾在我国沿海均有分布，主要分布于威海、烟台海域，长岛海域是主要产地之一。鹰爪虾作业方式以拖网为主，定置网具亦有相当产量，长岛海域主要是定置网具，捕捞最高年份为 1983 年，产量 3503 吨。

葛氏长臂虾

葛氏长臂虾

节肢动物门，软甲纲，十足目，长臂虾科，长臂虾属。

体半透明，略带淡黄色，全身具棕红色大斑纹。步足细长。额角等于或大于头胸甲，上缘基部平直，末端甚细，稍向上翘。第一和第二步足甚长，末端钳状。分布于渤海、黄海、东海等海域，长岛海域有分布。

日本褐虾（褐虾）

节肢动物门，软甲纲，十足目，褐虾科，褐虾属。

甲壳表面通常光滑。额角相对较短，有些平扁，中间沟有或无。头胸甲无带刺的脊，具 1 个背中央齿。第四、五步足较第二、三步足粗壮，且指节稍平扁，末端呈爪状；第二步足细小，钳状，其指节短于掌节长度的一半。末 4 对腹肢的内肢甚短小，不具内附肢。

主要生活在温带和寒带浅海，潜入底沙中生活。

日本褐虾

日本鼓虾

日本鼓虾（板虾、夹板虾、嘎嘣虾）

节肢动物门，软甲纲，十足目，鼓虾科，鼓虾属。

体背面棕色或褐色，体长一般为 35~55 毫米。额角尖细而长，约伸至第 1 额角柄第 1 节末端。额角后脊不明显。大螯长，长为宽的 4 倍。掌长为指长的 2 倍左右，掌部内外缘在可动指基部后方各有 1 个极深的缺刻，外缘的背腹面各具 1 枚短刺。小螯细长，长度等于或大于大螯，掌部外缘近可动指基部处背腹面也各具 1 枚刺。尾节背面无纵沟，但具两对较强的活动刺。栖息于泥沙质浅海区。长岛各岛沿岸海域均有分布，生活在泥沙底质的浅海区，资源较多。20 世纪 70 年代，日本鼓虾曾作为低值虾类，用来腌制酱品，甚至作为农作物肥料。

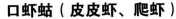

口虾蛄（皮皮虾、爬虾）

节肢动物门，软甲纲，口足目，虾蛄科，口虾蛄属。

头胸部稍侧扁，腹部平扁，头胸甲小，仅覆盖头部和胸部前 4 节，后 4 节外露，腹部宽大，共 6 节。口位于头胸甲腹面。眼位于头背面前端，突出可转动。触角 2 对，第 1 对顶端分为 3 个鞭状肢，第 2 对外肢为长片状。口周围有 5 对附肢，以捕夹食物。第 1 对粗大，前端钩状有锯齿，第 2 对无钩，后 3 对具有钩和齿。胸部有步足 4 对，第 1 对退化，很小。腹部有游泳足 5 对，桨状。腹部第 6 节附肢发达，与尾节组成尾扇。栖息于 5~60 米泥沙底质水域海底。无长距离洄游习性，仅随季节变化在近岸深浅水间移动。主要食物为头足类、多毛类、双壳类、小型鱼类。长岛海域有分布。

口虾蛄

长岛海域口虾蛄资源量较大，其生产不分季节，主要生产工具有拖网、锚流网、三层流刺网和沿岸定置网具。20 世纪 70 年代以前，口虾蛄曾经因产量大、价值低被用作庄稼肥料。

扇贝属于软体双壳类动物，有 400 余种。其中 60 余种是世界各地重要的海洋渔业资源之一，扇贝的壳、肉柱、珍珠层具有极高的利用价值。

栉孔扇贝

栉孔扇贝

虾夷盘扇贝

栉孔扇贝

软体动物门，瓣鳃纲，珍珠贝目，扇贝科，栉孔扇贝属。

壳扇圆形，长 7~9 厘米，壳高略大于壳长，薄而轻。两壳大小几乎相等，右壳较平，左壳较凸。前耳比后耳大。后耳两壳同形，略呈等腰直角三角形。栉孔扇贝生活在低潮线以下、水流较急、盐度较高、透明度较大的海区，栖息于水深 10~30 米、底质是礁石或具有贝壳沙砾的硬质海底，以足丝附着生活，适宜水温范围为 2~35℃。分布于黄海、渤海、东海等海域。栉孔扇贝在长岛海域广泛分布，历史最高年产量达 2500 吨。据 20 世纪 80 年代调查，长岛野生栉孔扇贝栖息地主要在大钦岛西南、砣矶岛以北水深 30~40 米海域，南、北隍城海域也有分布，总面积达 200 公顷以上。

虾夷盘扇贝

软体动物门，瓣鳃纲，珍珠贝目，扇贝科，盘扇贝属。

贝壳大型，壳高可超过 20 厘米，右壳（有足丝孔的）较突，黄白色；左壳稍平，较右壳稍小，呈紫褐色，壳近圆形。壳顶两侧前后具有同样大小的耳状突起。虾夷盘扇贝为低温高盐种类，对温度和盐度的要求较严格，正常生活的温度范围为 5~23℃，一般栖息于底部比较坚硬、淤泥少的海区和水深不超过 40 米的沿岸区。如果遇到环境不合适的情况，闭壳肌可作剧烈的收缩，借壳张闭的排水力量和海流的力量作短距离的移动。

长岛虾夷盘扇贝为日本引进种，1981 年由中国科学院海洋研究所和辽宁省海洋水产研究所从日本引进试养并在长岛北五岛海域推广养殖，目前已成为长岛主要经济贝类养殖品种。

栉孔扇贝

虾夷盘扇贝

紫壳菜蛤（紫贻贝）

软体动物门，瓣鳃纲，贻贝目，贻贝科，贻贝属。

贻贝在中国北方俗称"海虹"，它的干制品称作"淡菜"。它有两个闭壳肌，前面的一个很小，后面的一个很大，属于异柱类。它的韧带生在身体后背缘两个贝壳相连的部分。贻贝也是利用闭壳肌和韧带开闭贝壳的，但是贻贝闭壳未能像蚶子闭得那样紧，常常留有缝隙，因为缝隙就是足丝伸出的地方，贻贝正是用足丝固着在岩石或其他物体上生活的。贻贝是贝类养殖业中的重要种类，我国辽宁、山东、浙江、福建沿海均有分布。长岛海域的紫贻贝分布广泛，资源量大，主要生活在潮间带和浅海海域，以足丝固着在岩石和其他物体上生活。

长岛海域，水质肥沃，基础饵料丰富。该产区优越的海域条件和气候环境极适宜牡蛎的生长，由此也形成了长岛牡蛎独特的品质：不仅比普通牡蛎个体大，而且肥满度高、肉质饱满、鲜美可口。

牡蛎俗称"蚝"，烟台本地人通常称之为"海蛎子"。牡蛎是海洋中的软体动物，有上下两片外壳。两片外壳的形状多皱褶，而且不规则，壳是灰白色的，壳上生着野生的海藻幼苗。牡蛎上壳较小，掩覆如盖；下壳较大，附着在礁石之上。两壳之间有一闭壳肌相连。

长牡蛎

软体动物门，瓣鳃纲，莺蛤目，牡蛎科，牡蛎属。

贝壳较小，一般壳长 3~6 厘米。体形多变化，大多呈延长形或三角形。壳薄而脆。壳面多为淡黄色，杂有紫褐色或黑色条纹，壳内面白色。长牡蛎分布在长岛各岛沿岸低潮线以下、20 米水深以浅海域。

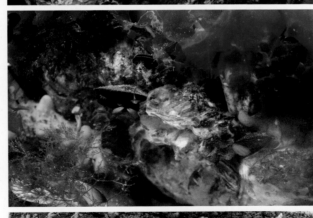

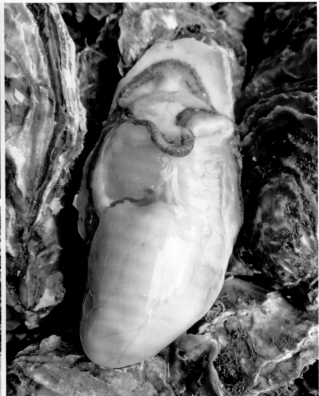

鲍科动物全世界有 100 多种，分布于太平洋、印度洋和大西洋。中国沿海已发现 7 种，其中数量较大的皱纹盘鲍产于北方沿海。

皱纹盘鲍是鲍科中的优质品种，素称海味之冠，是我国重要的经济贝类，分布在我国北方沿海，常吸附在礁岩砾石上，爬动觅食。

由于海水温度、流速、水质和饵料对于鲍鱼的生长、肉质有很大的影响，所以，即使是同一品种的鲍鱼，如果产地不同，鲍鱼的质量也会有所不同。

CHANGDAO
长岛
海洋生物
多样性
图鉴

甲壳类

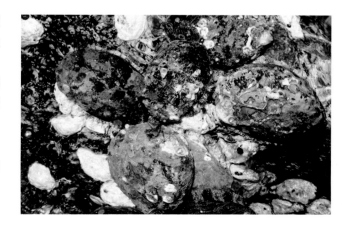

◀ 2020 年 11 月 16 日，在高山岛码头南约 100 米处，潜水员进行鲍鱼捕捞作业，捕获最大个体重 410 克。

皱纹盘鲍（鲍、盘鲍）

软体动物门，腹足纲，原始腹足目，鲍科，鲍属。

皱纹盘鲍是一种名贵的海产贝类，别名为"鲍、盘鲍"。只有一片贝壳，吸附在岩礁上生活，其贝壳大，椭圆形，较坚厚，螺旋部退化，螺层少。无厣。成鲍多生活在深水处，幼龄鲍多栖息在低潮线下水浅处。皱纹盘鲍在夜间活动觅食，白天则潜伏于岩礁的缝隙处很少活动。以海藻为食，如马尾藻类、海带、裙带菜、石莼、底栖硅藻等。

皱纹盘鲍分布于我国北部沿海，山东、辽宁产量较多，其中山东的威海、长岛，辽宁的长山岛产量较多。皱纹盘鲍喜昼伏夜出，夜间外出觅食，快到天明时返回穴中，爬行速度每分钟可达50 厘米。

长岛海域皱纹盘鲍资源丰富，北五岛海域是主要分布区，在高山岛、猴矶岛、车由岛、大竹山岛和小竹山岛周边海域均有分布，庙岛南部海域偶有分布。据调查，长岛 40% 的岸线海域有皱纹盘鲍分布，其资源量达 35 吨以上。

甲壳类

毛蚶

栉江珧

长岛海域主要贝类物种

短滨螺

短滨螺（香波螺）

软体动物门，腹足纲，中腹足目，滨螺科，滨螺属。

短滨螺俗名"香波螺"，小型，贝壳略呈球形。壳高约14毫米，宽与高相近。螺层约6层，壳面黄绿色杂有褐色、白色、黄色云状斑，壳内面为棕褐色。在高潮线附近海浪能冲击到的岩石上，短滨螺密集成群，栖息于藤壶空壳或石缝中。可用肺室呼吸，有半陆生性质。广泛分布于长岛各岛潮间带及潮下带岩礁、石块上。

皮氏蛾螺

皮氏蛾螺（假鲍鱼、牛牛）

软体动物门，腹足纲，新腹足目，蛾螺科，蛾螺属。贝壳呈卵圆形，壳质薄，易破损。缝合线细，稍深。螺旋部小，稍高起，体螺层甚膨大，占壳的极大部分，壳表面具有纵、横交叉的细纹线，线纹在次体螺层以下不明显，被有黄褐色生有绒毛的壳皮，易脱落。厣角质，卵圆形，很小，盖不住口。生活在潮下带。

皮氏蛾螺主要分布在辽宁和山东沿海，是黄、渤海常见的经济螺类之一，产量较大。在长岛，皮氏蛾螺也称为"假鲍鱼"，北五岛海域分布较为集中，其生产工具主要是底拖网。

牛角江珧蛤（栉江珧）

软体动物门，瓣鳃纲，贻贝目，江珧蛤科，栉江珧属。

贝壳极大，一般长达30厘米，黄绿色，壳上有生长轮，呈直角三角形。壳喙位于前端位置。壳薄，珍珠层并未延伸到末端。前闭壳肌痕小，位于前端，后闭壳肌大，位于中央。用前端的足丝附着于底质，以后缘朝上的方式埋于底质。通常生活在潮间带到20米深的浅海沙泥底质中，将背侧后方的尖端插入沙泥中生活，以过滤水中浮游生物为主。后闭壳肌极发达，是一种很有经济价值的贝类。长岛海域广泛分布，主要栖息于20~30米水深的沙泥底质中。长岛牛角江珧蛤资源利用历史悠久，生产方式从以底拖网为主逐渐过渡到目前的潜水员手工采捕。

皮氏蛾螺

毛蚶

软体动物门，瓣鳃纲，蚶目，蚶科，毛蚶属。

成体壳长 4~5 厘米，壳面膨胀呈卵圆形，两壳不等，壳顶突出而内卷且偏于前方。壳面放射肋 30~44 条，肋上显出方形小结节。铰合部平直，有齿约 50 枚，壳面白色，被有褐色绒毛状表皮。生活在潮间带到潮下带浅水区的软泥底质中，分布于西太平洋沿岸，广泛分布于我国渤海湾、莱州湾、辽东湾和海州湾，资源丰富。长岛海域主要分布在近岸浅水沙泥和泥沙底质海域。

魁蚶（赤贝）

软体动物门，瓣鳃纲，蚶目，蚶科，蚶属。

大型蚶，壳高达 8 厘米，长 9 厘米，宽 8 厘米。壳质坚实且厚，斜卵圆形，极膨胀。壳顶膨胀突出，放射肋宽，平滑无明显结节。壳面白色，被少量棕色绒毛；壳内面白色，铰合部直，铰合齿约 70 枚。主要分布在中国、日本及朝鲜沿海，生活在 20~35 米水深的软泥或泥沙质海底。魁蚶为冷水性贝类，生活水温为 5~15℃。魁蚶的肉味鲜美，富含营养，宜鲜食。黄海北部为我国主要产区。长岛周边浅海海域有分布，曾经于 20 世纪 80 年代形成生产高潮。生产方式是使用特制底拖网掘海捕捞。

脉红螺（皱红螺、海螺）

软体动物门，腹足纲，新腹足目，骨螺科，红螺属。

贝壳大，高达 11 厘米，宽 9 厘米。壳极坚厚。壳顶尖细。螺旋部短小，为壳高的 1/5~1/4。脉红螺贝壳呈球状，壳质坚厚，表面生有肋纹及棘突。壳口内面很光滑，呈橘红色。体螺层极膨大，螺层有 6 层，每层宽度增加迅速，有发达肩角。厣角质，椭圆形，核偏一边。

脉红螺为广布种，栖息于潮间带至水深约 20 米的岩石岸及泥沙质海底。我国渤海湾产量较高。长岛各岛沿岸海域及浅水区均有分布。

海参 / 海胆 / 海星

海参 / 海胆 / 海星

长岛刺参

　　海参是棘皮动物海参纲的统称，我国沿海分布着 140 余种海参，其中大约 20 种适合食用，而受推崇者当属营养丰富的长岛刺参，也就是仿刺参。之所以叫作"仿刺参"，是因为它们与刺参属的亲戚虽然外表相似，但骨片的结构不同——海参其实是有骨头的。

　　海参是现存最早的生物物种之一，有"海洋活化石"之称。海参喜昼伏夜出，对环境的适应性强，主要摄食沉积于海底表层的藻类碎屑、浮游动植物尸体、微生物以及夹杂其中的泥沙等颗粒。

　　海参利用管足和肌肉的伸缩，可在海底做迟缓运动。当海水水温达到 20℃ 以上时，有夏眠习性，停止摄食和运动。长岛仿刺参的夏眠时间一般在 7 月中旬至 10 月下旬。水温过高、水质混浊及受到强烈刺激时，海参常把内脏自肛门排出。海参的再生能力很强，组织损伤和排脏后都能再生。因体壁多厚而柔韧，结缔组织特别发达，故食用价值高。

　　渤海和黄海一带极适宜海参生长，自古就是海参的重要产地，分布着包括仿刺参在内的多种海参。

仿刺参（刺参）

　　棘皮动物门，海参纲，楯手目，刺参科，仿刺参属。

　　体呈圆筒状，色暗，多肉刺，体长一般约 20 厘米，最长的达 40 厘米。

　　长岛海域仿刺参资源丰富，10 个有居民岛和主要无居民岛近海均有分布。据调查，20 世纪 80 年代长岛海域野生仿刺参的分布面积超过 100 公顷，资源量达 800 多吨。

CHANGDAO

长岛
海洋生物
多样性
图鉴

海参 / 海胆 / 海星

海胆依靠棘刺行走，行动缓慢，白天一般藏在石缝中，夜晚出来觅食，主要以各种底栖海藻为食，摄食量较大，易给海藻场造成破坏。在我国主要分布于辽东半岛、山东半岛的黄海一侧海域以及渤海海峡的部分岛礁周围。光棘球海胆是我国可食用海胆中营养和药用价值极高的品种，不仅味美，而且营养丰富，其性腺制品海胆酱为高级海珍滋补品。

虾夷马粪海胆

棘皮动物门，海胆纲，拱齿目，球海胆科，马粪海胆属。

生长在潮间带或浅海的常见棘皮动物，多栖息于岩石下礁缝中，幼海胆生长在水深 2~3 米处，长大后逐渐向深水处移居，水深 5~20 米处分布较多，最大个体壳径可达 10 厘米以上。

虾夷马粪海胆

光棘球海胆（大连紫海胆）

棘皮动物门，海胆纲，拱齿目，球海胆科，球海胆属。

外壳呈半球形，壳高略大于壳径的 1/2，最大壳径可达 100毫米，口面平坦，围口部稍向内凹；反口面较隆起，顶部呈圆弧形。步带区与间步带区幅宽不等，赤道部以上的步带幅宽约为间步带的 2/3，步带至口面逐渐展宽，围口部周围的宽度可等于甚至略宽于间步带。多选择水深 20 米左右的岩石海底栖息，喜欢在高盐水域生长。我国主要分布于山东及辽东半岛的黄海一侧海域以及渤海海峡的部分岛礁周围。长岛的光棘球海胆资源丰富，通常栖息于水深 20 米左右、海藻繁茂的浅海岩礁底和石缝中。北五岛周边海域均有分布，在高山岛，猴矶岛，车由岛和大、小竹山岛周边海域也均有分布。

光棘球海胆

光棘球海胆

海葵

东方小藤壶

螃蟹

贝类

      随着海水涨落时不时露出水面的岩礁，虽然看起来面积不大，但是它们却为很多海洋生物制造了在浅水区栖息的基础。很多鱼类会在岩礁的缝隙中觅食、繁殖和躲避天敌，很多像牡蛎、紫贻贝等贝类会驻扎在上面，这也吸引了海燕来到这里。这里所说的海燕是一种肉食性的棘皮动物（也就是通常我们所说的海星），它的主要捕食对象是一些行动较迟缓的海洋动物，如贝类、螃蟹和海葵等。

海燕（海星）

棘皮动物门，海星纲，有棘目，海燕科，海燕属。

海燕是棘皮动物中结构生理最有代表性的一类。体扁平，多为五辐射对称，体盘和腕分界不明显。生活时口面向下，反口面向上。腕腹侧具步带沟，沟内伸出管足。内骨骼的骨板以结缔组织相连，柔韧可曲。体表具棘和叉棘，为骨骼的突起。从骨板间突出的膜质泡状突起，外覆上皮，内衬体腔上皮，其内腔连于次生体腔，称为皮鳃，有呼吸和使代谢产物扩散到外界的作用。

辐径 1~65 厘米，多数 20~30 厘米。腕中空，有短棘和叉棘覆盖。下面的沟内有成行的管足（有的末端有吸盘），使海燕能向任何方向爬行，甚至爬上陡峭的岩面。海燕既取食沿腕沟进入口的食物粒，也可胃外翻包裹住食饵进行体外消化，或整个吞入。内骨骼由石灰骨板组成。通过皮肤进行呼吸。腕端有感光点。多数雌雄异体，少数雌雄同体；有的可以无性分裂生殖。

多棘海盘车

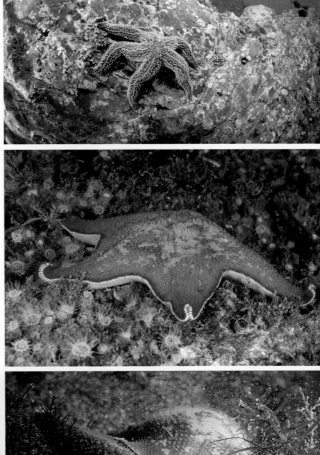

海燕棘皮具有高度感光性，它能通过身体周围光的强度变化决定采取何种隐蔽防范措施，另外还能通过改变自身颜色达到迷惑"敌人"的目的。

现存种类 1600 种，化石种类 300 种，广泛分布于砂质海底、软泥海底。

海藻一般指生活在海洋中的多细胞大型藻类，包括红藻、绿藻和褐藻。它们一般被认为是简单的植物，主要特征为：无维管束组织，没有真正根、茎、叶的分化现象；不开花，无果实和种子；生殖器官无特化的保护组织，常直接由单一细胞产生孢子或配子，以及无胚胎的形成。

海藻 / 海草

常见的海藻有紫菜、海萝、石花菜、石莼、礁膜、海带、裙带菜、羊栖菜等，它们也是可食用海藻。海藻基部有相当于高等植物根部的固着器，上部着生形态各异的叶状体，与高等植物不同的是，这些海藻身体各部分都能进行光合作用。

海藻 / 海草

　　海藻分布的水深，主要和所含色素的种类与含量比例有关，不同色素所需的光线波长不同，随着不同波长光线强度的变化，藻类的生长也受到影响。一般在较阴暗处或深海中，藻红素与藻蓝素比叶绿素更能有效地吸收蓝、绿光，故含叶绿素绿藻，其栖息地多靠近中高潮带，而低潮线附近及潮下带则多为褐藻和红藻类。此外，地形、底质、温度、盐度、潮汐、风浪、海流、污染物、动物啃食、藻类间的相互竞争等因素，也都会影响海藻的生长与分布。

　　在高潮带，以绿藻类为主，常见有膜状的石莼、管状的浒苔或丝状的刚毛藻，可以忍受强光照射及每日两次涨退潮的干湿变化，尤其在冬、春季时，常在海蚀平台上形成一片青葱翠绿的"绿色地毯"。在夏季，此区岩石上多是裸露光秃的，但在潮池内或有遮阴之处，则仍可发现它们的踪影。

　　在中潮带，以褐藻类为主，绿藻为辅。冬、春季时，常见有囊藻、萱藻、鼠尾藻、孔石莼等，尤其在三四月间有浪拍击的地方，到了夏、秋季，这些藻类大多消失不见。

　　在低潮带及低潮线附近，则以红藻类为主。常见的有沙菜、凹顶藻、龙须菜、角叉菜、叉节藻等。尤其在低潮线附近有海浪拍打的地区，则以小珊瑚藻、石花菜等最为常见。

　　这些在潮间带多姿多彩的藻类，一到夏天就逐渐消失了，但在终年为海水所覆盖的潮下带，则一年四季均可见到藻类繁生。常见的有海蒿子、裂叶马尾藻和珊瑚藻类。

海藻 / 海草

　　长岛潮间带经济海藻有 24 种，其中缘管、浒苔、孔石莼、礁膜、条斑紫菜、海萝、萱藻、羊栖菜等 12 种为传统食用海藻，也可开发为营养食品或食品添加剂。药用海藻有 12 种，如刺松藻、波登仙菜、石花菜和海带等。可用作工业原料的海藻有 9 种。此外，羊栖菜、鼠尾藻、铜藻、海黍子等，也是刺参和皱纹盘鲍等海珍品的主要饵料。

　　在低潮线以下的浅海区域——海洋与陆地的交接处，海浪的冲击比较缓和，海水中营养盐丰富，加上阳光充足，大型海藻生长茂盛，形成了大面积的海藻场。海藻进行光合作用所释放出来的氧气，更是动物们呼吸不可缺少的；海藻场也为海洋动物提供了食物来源和庇护空间。海洋世界之所以如此缤纷热闹，海藻的作用功不可没。

长岛大型底栖藻类属于东亚亚区的黄海西区海藻区系，是我国北方海藻的重要组成部分，具有明显的温水性质，暖温性海藻众多，有扁浒苔、刺松藻、鼠尾藻、羊栖菜、囊藻、裙带菜、萱藻、石花菜、舌状蜈蚣藻、粗枝软骨藻和海萝等。夏、秋高温季节，出现一些亚热带暖水性优势种，如网地藻、厚网藻、珊瑚藻、舌状蜈蚣藻等；冬、春季节，出现一些冷温性种类，如孔石莼、鸭毛藻、日本异管藻、酸藻等。此外，冬、春季节还出现一些冷水性种类，如北极礁膜、酸藻、多管藻和单条胶黏藻等。

孔石莼（海白菜、海青菜）

　　绿藻门，绿藻纲，丝藻目，石莼科，石莼属。亦称海白菜、海青菜。常见海藻，藻体呈片状，鲜绿色，可供食用。一般生长在海湾内中、低潮带的岩石上，我国沿海地区均有分布，东海、南海分布多，黄海、渤海分布少，冬、春季采收。

孔石莼

刺松藻

软丝藻

肠浒藻

缘管浒苔

曲浒苔

异石枝藻

海萝

海萝（牛毛菜、鹿角菜）

红藻门，真红藻纲，隐丝藻目，内枝藻科，海萝属。海萝藻体紫红色，黄褐色至褐色，丛生，主枝短，圆柱形或亚圆柱形，宽约 4 毫米，不规则二叉分枝，内部组织疏松或中空，故藻体有时扁塌，细胞壁外层为海萝胶，内层为纤维素。长岛各岛周边海域均有分布。

CHANGDAO
长岛
海洋生物
多样性
图鉴
——
海藻 / 海草

在长岛海域，由海萝、蜈蚣藻、石花菜、多管藻、紫菜等众多海藻形成一片海藻丛，为海洋生物提供了丰富的营养物质。同时，它们还可以削减波浪的力量，在内部形成水温、水流都相对稳定的环境，从而为海洋生物提供觅食、繁殖、育幼的极佳生境。

绒线藻

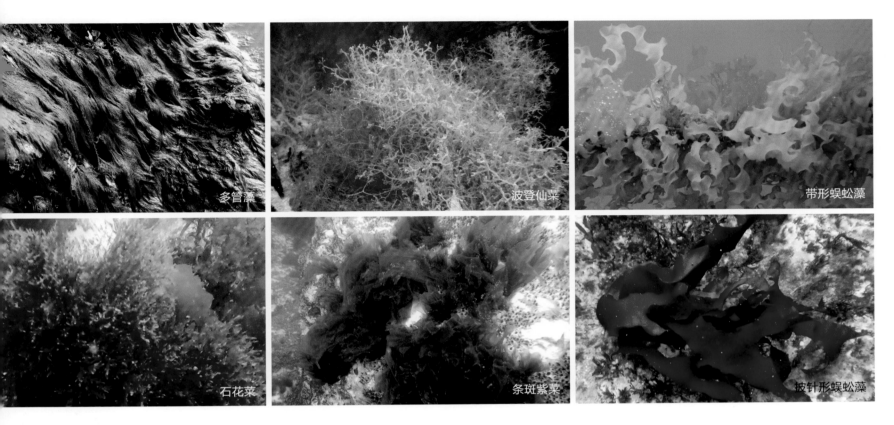

多管藻

波登仙菜

带形蜈蚣藻

石花菜

条斑紫菜

披针形蜈蚣藻

条斑紫菜

　　红藻门，红藻纲，红毛菜目，红毛藻科，紫菜属。藻体鲜紫红色或略带蓝绿色，卵形或长卵形，一般高 12~70 厘米。基部圆形或心脏形，边缘有皱褶，细胞排列整齐，平滑无锯齿。色素体星状，位于中央，基部细胞延伸为卵形或长棒形。为中国北方沿岸常见种类，是长江以北产区的主要栽培藻类。条斑紫菜在长岛各岛周边海域均有分布，一般生长在潮间带、低潮带的岩石上，风浪较小的海湾生长茂盛。

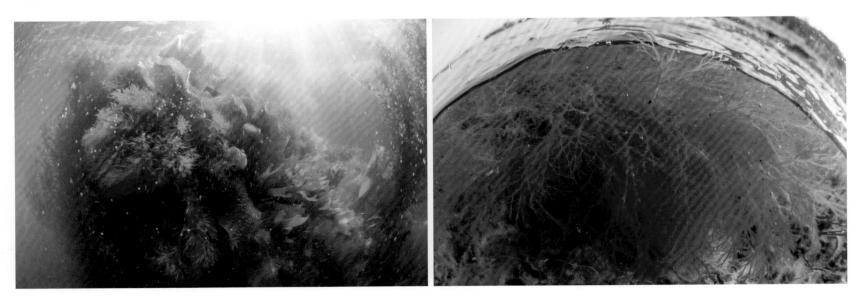

海藻 / 海草

海带

褐藻门，褐藻纲，海带目，海带科，海带属。

海带的原产地在北太平洋西部海域，其中栽培最为广泛的海带品系最初可能分布于日本本州和北海道之间的津轻海峡等海域。在 1930 年前后，海带被引种至辽宁大连海域进行实验性养殖，之后推广至山东海域。目前，在长岛的大钦岛等北部岛屿，海带被广泛地人工养殖，成为长岛的名片之一。

海带养殖是长岛的主导优势产业，有着 50 多年的养殖历史。为使海带养殖长盛不衰，长岛不断在海带的种质改良和养殖新技术的推广上下功夫，通过引进优良的品种进行驯化、试养、杂交育苗，培育出适合本地养殖的品种，并研究、推广了十几种科学养殖方法，大幅提高了海带单位养殖效益；长岛渔民发明的"一绳双挂、贝藻兼养"的养殖技术，科学地解决了海带相互缠绕的难题，使海带苗产量提高了 25% 以上，带动了全国海带养殖业的大规模发展。

海藻 / 海草

裙带菜

　　褐藻门，褐藻纲，海带目，翅藻科，裙带菜属。

　　裙带菜被誉为海中蔬菜。一年生，色黄褐，高 1~2 米，宽 50~100 厘米，叶绿呈羽状裂片，叶片较海带薄，外形像大破葵扇，也像裙带，故取其名。成品裙带菜明显地分化为固着器、柄及叶片三部分。固着器由叉状分枝的假根组成，假根的末端略粗大，以固着在岩礁上，柄稍长，扁圆形，中间略隆起，叶片的中部有柄部伸长而来的中肋，两侧形成羽状裂片。

　　裙带菜分布于低潮线附近及其下深处的岩石上。长岛各个岛屿周边海域均有分布。

　　1971 年，裙带菜试养成功后，通过海区自然繁殖，在长岛海域形成了多个较大的裙带菜野生群落，资源量较大，分布区主要集中在砣矶岛、大钦岛、小钦岛、南隍城岛和北隍城岛海域。

海藻 / 海草

海黍子

　　褐藻门，褐藻纲，墨角藻目，马尾藻科，马尾藻属。藻体多年生，分固着器、主干、藻叶和气囊四部分。固着器盘状，主干圆柱状、扁圆或扁压，长短不一，向四周辐射分支，分支扁平或圆柱形。藻体扁平，多具毛窝。单生气囊，气囊自叶腋生出，呈圆形、倒卵形。雌雄同托或不同托、同株或异株。主要分布于长江以北海域，生长于中、低潮间带岩石上。

马尾藻海藻场

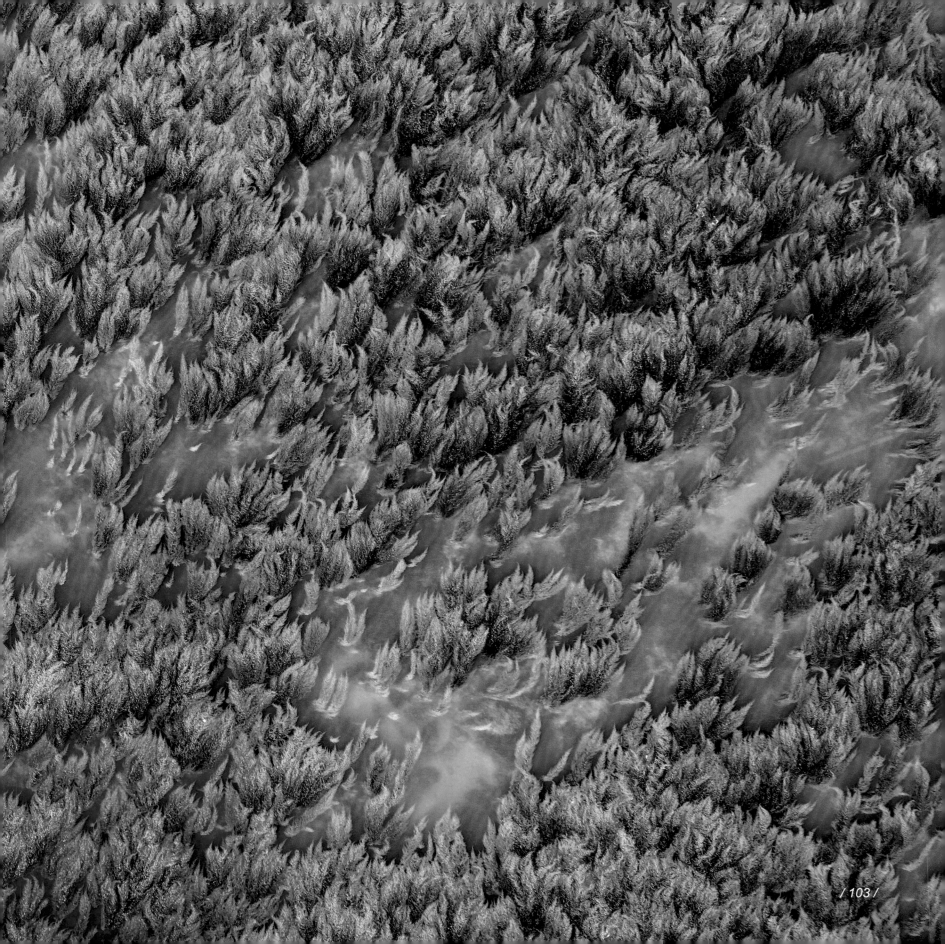

萱藻（海麻线、骆驼毛）

　　褐藻门，褐藻纲，萱藻目，萱藻科，萱藻属。藻体黄褐至深褐色，管状，膜质，单条丛生，直立管状，高 20~50 厘米，直径 2~5 毫米，长可达 1 米以上。顶端尖细或圆钝，基部细，下位一盘状固着器。生长在中、低潮带岩石上或石沼中。萱藻在山东沿海一带被称为"海麻线""骆驼毛"。萱藻是长岛主要经济藻类之一，南北海域均有分布，一般生长在潮间带岛礁周围岩石上，海区养殖筏架上生长较为茂盛。

羊栖菜

　　褐藻门，褐藻纲，墨角藻目，马尾藻科，马尾藻属。藻体黄褐色，肥厚多汁，叶状体的变异很大，形状各种各样。株高 30~50 厘米，最长达 3 米以上，生长在低潮带岩石上。福建、浙江、山东、辽宁等地均有分布。羊栖菜的生长和发育季节随着生长的地区而不同，黄海、渤海产幼苗初见于 8—11 月，翌年 5—7 月成熟。

　　长岛海域羊栖菜集中分布于北部海域，包括砣矶岛、大钦岛、小钦岛、南隍城岛和北隍城岛海域，还分布于大竹山岛、小竹山岛、车由岛及高山岛海域。

萱藻　　羊栖菜

舌状酸藻　　黏膜藻　　铜藻

海蒿子　　多肋藻　　叉开网翼藻

褐壳藻　　网地藻　　绳藻

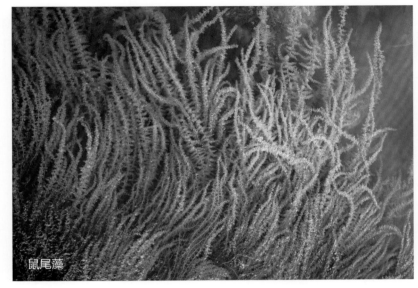
鼠尾藻

鼠尾藻

　　褐藻门，圆子纲，墨角藻目，马尾藻科，马尾藻属。藻体黑褐色，形似鼠尾，高 3~50 厘米，最高可达 120 厘米。主干短粗，上长数条主枝。主枝圆柱形，数条纵走浅沟。全年可见，生长盛期 3—7 月。主要分布在潮间带，为优势种，我国北起辽东半岛，南至雷州半岛均有分布。

　　长岛海域鼠尾藻分布范围较广，潮间带及潮下带较浅的区域均有分布。作为长岛的经济藻类，鼠尾藻不仅是海参、鲍鱼等海生动物的天然饵料，还是优质化工原料。

　　海洋中的植物除了利用孢子进行繁殖的红藻、绿藻、褐藻形成的海藻场外，还有鳗草和虾形草等开花植物形成的海草床。

　　海草是主要生存于热带和温带海域浅水中的单子叶种子植物，只适应海洋生存环境。海草是目前发现的唯一一类可完全生活在海水中的被子植物，与陆地高等植物相比，其种类极其稀少。

　　海草是一亿年前由陆地演化到适应海洋的沉水高等植物。除南极外，海草在全世界沿岸海域都有分布，从潮间带到潮下带，最大水深可达 90 米。海草床和红树林、珊瑚礁并称为地球上三大典型的海洋生态系统。

　　海草床是全球海洋生态系统和生物多样性保护的重要对象。目前，在长岛海域已发现的四种海草为红纤维虾形草、日本鳗草、丛生鳗草、鳗草。

红纤维虾形草

日本鳗草

丛生鳗草

鳗草

海藻 / 海草

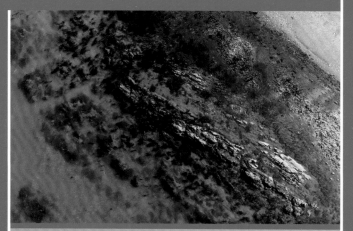

海草床为许多动物提供了赖以生存的栖息地，尤其是底栖动物，生物品种数量可超过 100 种，是名副其实的"海洋生物游乐园"。

CHANGDAO

长岛
海洋生物
多样性
图鉴

海藻 / 海草

海草床是典型的海洋生态系统，是地球上生物多样性极其丰富、生产力很高的海洋生态系统，也是全球多样性保护的主要对象，被称作"海底草原"。

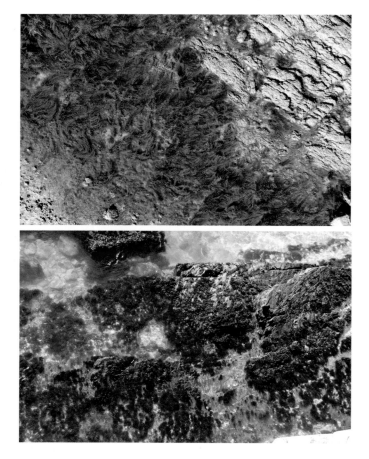

CHANGDAO
长岛
海洋生物
多样性
图鉴

海藻 / 海草

冷水珊瑚成就多彩海洋

　　在长岛温带海底世界里生长着冷水珊瑚，它们在 2~4 米的浅水区域里健康地生长，冷水珊瑚不成礁，但它们与周围的海洋生物构成了独特的冷水珊瑚生态系统，维持着长岛海底生物多样性的基础。

其他生物

海蜇（水母）

刺胞动物门，钵水母纲，根口水母目，根口水母科，海蜇属。

海蜇是一种大型可食用水母。外伞表面光滑，伞缘有 8 个感觉器。口腕 8 条，呈三棱形，每条口腕的末端有一条特殊的棒状附属器。肩板 8 对，其上有许多小吸口、小触手和丝状附属器。16 条辐管都延伸到伞缘，多分枝，彼此相连成网状。环管不明显。成体颜色多样，多为褐红色、乳白色和青蓝色，少数为黄褐色或金黄色。

海蜇身体的主要成分是水，并由内外两个胚层所组成，两层间有一个很厚的中胶层，不但透明，而且有漂浮作用。它们在运动时，利用体内喷水反射前进，远远望去就像一顶顶圆伞在水中迅速漂游；有些水母的伞状体还带有各色花纹，在蓝色的海洋里，这些游动着的色彩各异的海蜇显得十分美丽。

海月水母

日本石鳖

螺来卵群

玻璃海鞘

复海鞘

玻璃海鞘

脊索动物门，海鞘纲，复鳃目，玻璃海鞘科，玻璃海鞘属。

体透明，柔软。体长 55~70 毫米，宽 23 毫米。顶端具 2 个不同的孔，位高者为入水孔，周围有 8 个裂瓣；位低者为出水孔，有 6 个裂瓣，每个裂瓣顶端有一红色斑点。幼体白色，成体淡黄色。个体背腹伸长，补囊非常柔软、半透明。

▼　海兔，又称海蛞蝓，但海兔既不是兔也不是蛞蝓，属于浅海生活的贝类，是软体动物门、腹足纲、裸腮目的统称，因其头上的两对触角突出如兔耳而得名。

它是软体动物家族中的一个特殊的成员。它们的内壳已经完全退化。

海兔是雌雄同体的生物，海底栖息，体裸露，雌雄两个生殖孔间有卵精沟相连。海兔大多数分布于热带海域，个别种类也分布在包括长岛邻近海域的温带海域。海兔是科学家发现的第一种可生成植物色素叶绿素的动物。

八蛸成体

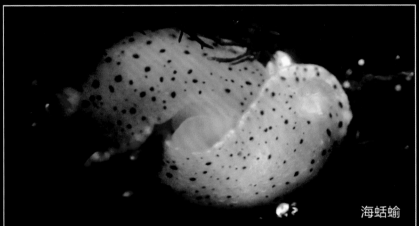
海蛞蝓

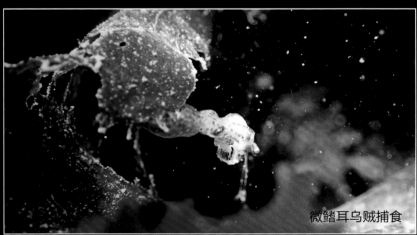
微鳍耳乌贼捕食

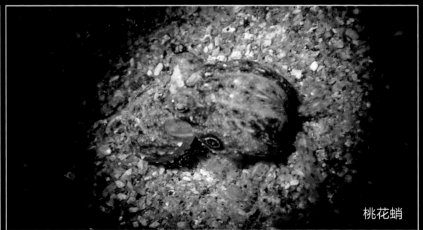
桃花蛸

▲　微鳍耳乌贼为沿岸内湾性种类，成体多栖居于岸边的海藻丛中，或缓缓游行，或以背部腺质器官所分泌的黏液吸附于海藻之上，拨动海藻，常能发现它们。喜群居，有趋光性。其稚仔在内湾和近海的浮游生物表层水平拖网中均有采获，但以内湾中采获较多。

金乌贼（墨斗鱼、墨鱼）

软体动物门，头足纲，乌贼目，乌贼科，乌贼属。

乌贼身体可区分为头、足和躯干三个部分，躯干相当于内脏团，外被肌肉性套膜，具石灰质内壳。头较短，两侧有发达的眼。头顶长口，口腔内有角质颚，能撕咬食物。乌贼的足生在头顶，所以又称头足类。头顶的10条足中有8条较短，内侧密生吸盘，称为腕；另有2条较长、活动自如的足，能缩回到两个囊内，称为触腕，只有前端内侧有吸盘。乌贼主要吃甲壳类、小鱼或其他软体动物。在遇到敌害时，会喷出烟幕，然后逃生。乌贼分布于世界各大洋，主要生活在热带和温带沿岸浅水中，冬季常迁至较深海域。中国乌贼种类较多，盛产于浙江南部沿海及福建沿海。长岛海域是金乌贼产卵洄游的必经之地，生产历史悠久，在长岛周边海域金乌贼生产主要采用拖网和定置网具兼捕。

日本枪乌贼

软体动物门，头足纲，枪型目，枪乌贼科，拟枪乌贼属。

胴部细长，圆锥形，体表有圆形斑点。一般胴长12~20厘米，长度为宽度的4倍。肉鳍长度稍大于胸部的1/2，略呈三角形。腕吸盘2行，其胶质环外缘具方形小齿。内壳角质，薄而透明。喜群栖于海洋中下层，有时也活跃于水面，为底曳网的捕捞对象之一。主要分布区域为渤海、黄海、东海等海域。

短蛸

软体动物门，头足纲，八腕目，蛸科，蛸属。

胴部卵圆形或球形。胴背面粒状突起密集，各腕较短，其长度大体相等，腕长相当于脑部近2倍。背部两眼间具一浅色纺锤形或半月形的斑块，两眼前方第二对至第四对腕的区域内各具一椭圆形的金色圈。腕吸盘2行。漏斗器呈"W"形。分布区域为渤海、黄海、东海、南海近海，长岛海域有分布。

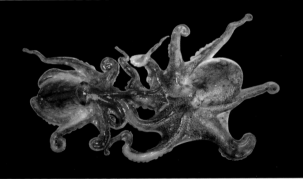

长蛸

软体动物门，头足纲，八腕目，蛸科，蛸属。

体表光滑，具极细斑点。胴部长卵形。腕长，长度为胴长的6~7倍。腕4对，长度不等，第一对粗长，各腕具吸盘2行。漏斗器呈"W"形，中间长。分布区域为渤海、黄海、东海、南海等海域。长蛸在长岛海域广泛分布，盛产季节一般在春季和秋季，是拖网作业和沿岸定置网具兼捕对象。

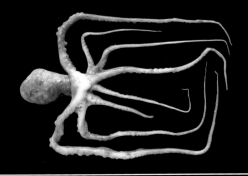

后记

　　大自然鬼斧神工的瑰丽、旖旎与浪漫，赋予了长岛"海上仙山"的神秘气韵。特殊的地域风貌，也孕育出长岛别具特色的人文风情。长岛以"百年渔俗、千年妈祖、万年史前、亿年地质"为代表的海洋文化，打造出人与自然和谐至美的文明典范。

　　长岛人既与大海妙美如诗的生灵和谐共生，同时也为各种生灵的栖息、繁衍、哺育打造生态复苏而昌盛的蓝色家园。丰富的植被资源，为岛屿生物的多样性营造了良好的生态环境，更为南北迁徙的鸟类提供了栖息、休憩之地。

　　晨曦，太阳冉冉升起，蔚蓝深邃的大海，在春夏之际，便会上演黑尾鸥逐帆曼舞的盛大景观；它们在这里相爱、繁衍，享受着生命中最绚丽的时光。它们时而列队翱翔，时而展开夺食大战，吸引着游人驻足观看，留恋不已。

　　人与海洋、人与万象生灵都是地球之子；人与自然物种是兄弟，自然是人类赖以生存的恩惠之源；山川河流都有自己的尊严，节制欲望，人与自然和谐共生，是人类要选择的一种生活方式。蔚蓝大海是长岛人永远的守护神，是海洋文明的发源地。养海、护海，方可美美与共！

　　关注生态，关注文明；生态兴，文明兴；生态衰，文明衰。让我们漫步在这本精美的蓝色生态画卷里，去身临其境般感受长岛蓝色诱惑的无穷魅力。

鸥翔——长岛海域最灵动的风景

主　　编：于国旭　张朝晖

副 主 编：李建波　吴忠迅　屈　佩

编　　辑：李衍祥　初永忠　于恩亮

　　　　　宋洪军　赵林林　杜光迅

　　　　　李淑芸　邵　飞

文字编辑：井小力

装帧设计：顾晓军

摄　　影：张　帆　张吉华　王成军

　　　　　王聿凡　钱　茜　马小龙

　　　　　巩卫波　谭富州　顾晓军

制　　作：烟台永卓图片设计广告有限公司

出品：

长岛国家海洋公园管理中心

自然资源部渤海海峡生态通道野外科学观测研究站